"十二五"职业教育国家规划教材
经全国职业教育教材审定委员会审定

服饰配件
设计与制作

FUSHI PEIJIAN
SHEJI YU ZHIZUO

冯素杰　邓鹏举　主编

本书从实用的角度出发，系统地介绍了服饰配件的设计与制作方面的基础知识、配件的设计方法、典型范例的设计与制作要领。本着突出重点、强化动手实践环节的原则，讲述了包、鞋、帽、首饰、围巾、领带、袜子、手套等典型的配件设计与制作方法。内容覆盖面广，针对性强，本书可供高职高专服装专业及相关专业师生使用，同时也为服装及服饰配件设计爱好者提供了一本既有设计依据又可动手制作的参考书籍。

图书在版编目（CIP）数据

服饰配件设计与制作 / 冯素杰,邓鹏举主编 . —北京:化学工业出版社，2015.7（2023.3重印）

"十二五"职业教育国家规划教材

ISBN 978-7-122-23675-3

Ⅰ . ①服… Ⅱ . ①冯…②邓… Ⅲ . ①服饰－配件－设计－高等职业教育－教材②服饰－配件－制作－高等职业教育－教材 Ⅳ . ① TS941.3

中国版本图书馆CIP 数据核字（2015）第 079257 号

责任编辑：蔡洪伟　陈有华　　　　　　　　　　　文字编辑：谢蓉蓉
装帧设计：王晓宇

出版发行：化学工业出版社（北京市东城区青年湖南街13号　邮政编码100011）
印　　装：北京捷迅佳彩印刷有限公司
787mm×1092mm　1/16　印张12　字数301千字　2023年3月北京第1版第7次印刷

购书咨询：010-64518888　　　　　　　　　　售后服务：010-64518899
网　　址：http://www.cip.com.cn
凡购买本书，如有缺损质量问题，本社销售中心负责调换。

定　　价：49.00元　　　　　　　　　　　　　　版权所有　违者必究

编写人员名单

主　　编：冯素杰　邓鹏举
副 主 编：侯玲玲　巴　妍
参　　编：郭文君　潘　杨　刘楠楠　宋　硕

前 言

Foreword

　　为了更好地适应新形势下我国教育教学改革的要求，切实改变实际教学中课时少、课堂讲授所占比例过多的情况，为学生提供更多的自主学习的时间和空间，大力加强实践教学力度，切实提高学生的实践能力，《服饰配件设计与制作》一书重点放在设计与制作的实践环节方面。在具体的内容安排上，考虑到各个学校的基本情况，尤其是制作设备及学生能力等方面的因素，将重点内容放在包袋、鞋子、帽子、时尚首饰、围巾、手套、领带等方面，而眼镜、雨伞、扇子等因设备及其他原因，学生完成起来比较困难，在本书中从略处理。另一方面，本书的侧重点是配件的设计方法和制作要点，在具体章节里体现为配件的设计与制作实例，就典型范例进行详细撰写，项目教学作为此教材的创新点和重点在书中也占有一定的比重。

　　为了使本书的撰写实用性及适用性更强，应用更广泛，邀请了众多有丰富教学经验的教师参与撰写工作。其中，大连艺术学院的巴妍撰写了绪论、第一章及第八章的部分内容，并收集整理相关的图片资料；大连工业大学的侯玲玲撰写了第二章；大连工业大学的郭文君撰写了第三章；辽宁轻工职业学院的邓鹏举撰写了第四章；大连艺术学院旅游工艺品专业的潘杨撰写了第五章，宋硕完成了第五章首饰设计与制作的实例制作部分；大连艺术学院的冯素杰撰写了第六章及第七章的第五节内容，并负责本书的统稿及定稿工作；大连艺术学院的刘楠楠撰写了第七章第一～第四节。本书还选用了大连艺术学院部分学生的作业。在此向所有参与本书工作的人员表示感谢。

　　本书有配套的电子资源，可登陆www.cipedu.com.cn免费下载。

　　由于撰写时间仓促，个人的学识有限，书中难免有疏漏之处，敬请读者批评指正。

编者

2015年5月

目 录

Contents

Contents

Contents

第七章　其他服饰配件的设计与制作

第八章　作品赏析

参考文献

绪　论

一、服饰配件的起源

服饰配件是民族服饰文化、艺术起源的一个重要部分，它反映出文化艺术与社会经济、精神生活之间的密切联系。服饰配件的起源有众多说法，但从本质上看有两大类，一是从装饰到装饰的类型，二是从实用转化为装饰的类型。

从装饰到装饰是指始终以装饰为目的的配件。如以野花编织而成的花环、花冠饰物，用碎石或骨头穿凿后形成的颈饰物等，以满足人们的装饰的欲望为目的，使服饰配件从原始装饰形式一步步走向了纯粹的、更高层次的装饰形式，但是最终没有离开装饰这一目的（图0-1～图0-3）。

图0-1 西周骨质项链

图0-2 出土鎏金首饰图　　　　　　　图0-3 保加利亚出土金饰

从实用转化为装饰是指有些服饰配件在原始的实用基础上发展为一种实用与装饰兼顾的配件。由于气候条件、劳动生活需要、卫生状况等因素，原始人将一些材料捆绑在身体的某些部位，形成了某种具有实用性、保护性的装束。渐渐地，人们不满足于单纯的实用性，而将这些装束越做越精美，形成了以实用为基础、以装饰为目的的双重合体。

二、服饰配件在服装中的重要性

服饰配件艺术是服装艺术门类中的一个重要分支。"服饰"，即"服"和"饰"的组合，是人类生活的要素。服是指服装，饰是指服饰品，服和饰是一个整体的两个方面，它们相互依存而发展。服饰配件对于服装本身有锦上添花之意。在世界各民族服饰发展演变过程中，不难看到服饰品一直是人类衣生活的重要组成部分，服饰配件所起到的作用是不容置疑的。在服饰史中，可以看到许许多多的配件艺术品，如精美华贵的首饰、夸张潇洒的帽饰、典雅大方的包袋、时髦别致的鞋以及形形色色的手套、扇子、花饰、领带等。服饰品和服装同属于服饰文化的范畴，世界服饰史就是服饰品伴随着服装发展的历史。世界上有些特殊的民族与部落，就有不着装而只佩戴饰品的，其外观形态与装饰形式具有丰富的美感。服饰品在人的整体着装效果中起着不可替代的表达作用，它传递着佩戴者个人的信息和一个国家或民族的文化特征（图0-4）。

图0-4　服装与配饰搭配需根据穿着者喜好

现代服装讲求的主要是穿着者的舒适、美观，以及行动的方便等方面，而传统服饰的内涵与功能则要丰富得多。"天人合一"的思想是中国古代文化的精髓，是儒、道两大家都认可并采纳的哲学观，是中国传统文化最为深远的本质之源，这种观念产生了一个独特的设计观，即把各种艺术品都看作是整个大自然的产物，从综合的、整体的观点去看待工艺品的设计，服饰亦不例外。这种设计观在我国最早的一部工艺学著作《考工记》中就已记载，《考工记》说："天有时，地有气，材有美，工有巧，合此四者，然后可以为良。"早在两千多年前，中国工匠就已意识到，任何工艺设计的生产都不是孤立的人的行为，而是在自然界这个大系统中各方面条件综合作用的结果。天时乃季节气候条件，地气则指地理条件，材有美指工艺材料的性能条件，而工有巧则指制作工艺条件。对服装而言，则指服装的着装季节，着装环境及衣料的质地和剪裁手法，只有这四者和谐统一，才有精妙设计（图0-5）。

图0-5　服饰搭配需整体和谐

随着社会文明的不断发展和进步，人们越来越重视服饰的整体搭配，并以此来凸现穿着者的品位和社会地位，展示穿着者的审美趋向和自我意识。例如，香蕉黄色拥有自然的美感，而且色彩鲜明，最能吸引人的眼球；小巧的手提袋，在舞会上会惊艳全场；色彩艳丽的彩条鞋，`一下就能抓住众人的目光，绚烂的霓虹色彩让穿着者整个人散发着无限光芒等。

FUSHI PEIJIAN SHEJI YU ZHIZUO

第一章

服饰配件基础知识

第一节　服饰配件的概念及分类

　　服饰配件，又称服装配饰，即除服装（上装、下装、裙装）以外的所有附加在人体上的装饰品和装饰的总称。它包括首饰、领饰、包袋、帽子、腰饰、臂饰、鞋袜、手套、伞、扇、眼镜等，也包括肤体装饰。在现代着装中，通常也将打火机、手表等随身使用的物品作为服饰配件。

　　服饰配件可分为实用性服饰配件和装饰性服饰配件两大类。目前市场上销售的普遍存在的服饰配件多为实用性的，如鞋、帽、袜、手套、腰带、箱包、围巾、眼镜等。他们主要具有实用功能，同时兼具装饰性，相对而言首饰类饰品多为装饰性，如项链、手镯、头花、胸针、耳环等。服饰品是实用性与装饰性结合的生活用品，与服装相比，更加突出其装饰性能，是以人体为基础的造型艺术（图1-1、图1-2）。

图1-1　服饰配件之首饰

图1-2　与不同风格服装搭配的时装手表

第二节　服饰配件的属性

　　服饰配件与其他工艺美术品一样有着物质与精神的双重属性,在满足人们的使用前提下为人们提供感受美的精神需求,是形式美、艺术美的完美结合。从这个层面上分析,其具有以下几个特点。

一、服饰配件的统一性

　　首先,服装与配件的统一表现为服装与配件的造型、色彩、材质的统一,是三者的有机结合,使整体效果和谐、统一;如晚礼服与礼服包的搭配,西服与领带、袖扣的搭配,风衣与围巾的搭配等。

其次，服饰配件与人体的搭配也要达到一定的统一。人体的自我特征各有不同，如肤色、发色、身材、性别、年龄、性格、职业等因素都会影响对服装及服饰配件的选择，因此在选择搭配的时候必须考虑这些因素，服饰与穿着者的统一才是正确的选择。

最后，服饰配件与环境的统一。服饰配件的选择同服装的选择一样也需要遵守TOP原则，即时间、场合、地点。因为人本身具有社会属性，是不能离开社会环境而单独存在的，所以服饰配件在具体的选择搭配上要考虑与其所处的社会环境相统一。如在运动时间可以选择运动服装、运动鞋袜、运动帽、护腕及发带等，而参加鸡尾酒会就要选择小礼服搭配小披肩、宴会包及相对华丽的首饰等（图1-3～图1-5）。

图1-3　卡地亚戒指

图1-4　GUCCI概念腕表

图1-5　运动时尚搭配

二、服饰配件的审美性

美感及审美经验是人们欣赏美好事物时产生的一种愉悦的心理体验，美感产生于事物与心理活动之间的交流。对于服饰美感的感知是一个复杂的认知过程和心理过程。就服饰审美而言，主要是指对于服饰的设计技巧、程式、造型规律、风格、象征意义的理解。服饰美的感知，依赖于人们对于服饰的审美态度，各种不同的价值观对于服饰审美的影响很大。服饰除了功利性之外，还有对于美的追求，从这个层面上来说，装饰的目的是为了美观，服饰正是为了增强审美的效果，可谓仁者见仁，智者见智。

第三节 服饰配件艺术的发展趋势

中国服饰配件的发展，经过了历代王朝的演变，具有了自己独特的艺术风格。远在旧石器时代，配件就已具雏形，夏商时期发展到一定规模。汉代的女装中，以饰物和发式的变化更为突出。唐朝的服饰既继承了历史上已有的冠服制度，又开启了后世新的服制形式，在中国服饰史上起到了重要的作用。宋代服饰基本沿袭了唐制，但仍有不少的变化。清代服饰既保持着满、汉各自原有的风格与形制，又相互弥补吸收。与此同时，西方的服饰品也在以惊人的速度发生着变化。从设计、制作、生产、佩戴都形成了专门的体系，而20世纪80年代以后的服饰品更讲究实用性与装饰性的完美结合，中西服饰配件的发展正沿着自己的轨迹渐渐融合。

20世纪90年代后，服饰配件设计思维已跨越了民族与国家的界限。人们追求生活的富裕美满及心理上的满足感和丰硕感，新的思维方式给现代服饰配件艺术的发展增添了新的气息和魅力，其发展趋势如下。

1. 中西文化完美结合

优秀的传统精华与现代艺术的结合，本民族艺术与外来艺术的融合，以及人们对配件的更高要求，都使得服饰配件不断以新的面貌出现。中国人对西方文化艺术的借鉴运用，使许多配饰品极具欧洲特色；而西方人对东方传统文化的向往，又使他们的服饰装扮富有浓浓的东方风味。他们各自从对方优秀的传统风格中发掘灵感与本民族特征结合，并加以提炼、创新，设计出的作品呈现出更新的形式，具有更深一层的意义，而不只是停留在简单的模仿借鉴上（图1-6）。

图1-6 Dior的奢华内敛

2. 民族交融

文化的民族共融现象已扩散到世界各地，在我们的服饰配件中尤其能感受到不同民族风格带来的特征与趣味。如苗族美丽壮观的银饰，美洲印第安人奇特的羽毛头饰，阿拉伯天方夜谭般神秘的面纱，西部牛仔潇洒的帽子与领巾，非洲土著部落粗狂朴实的木质唇饰等。各个民族不同风格的服饰品借鉴、交融而产生的新型饰品，更具有现代气息，也更易于被人们所接受（图1-7～图1-10）。

图1-7 顶级珠宝的中国风设计

图1-8 爱马仕经典丝巾

图1-9 Dior的箱包   图1-10 爱马仕珐琅手镯

3. 环保潮流

　　生态环保意识将继续是未来引领消费的价值取向。饰品设计的灵感来源之一，就是将环保意识融入到创作中去。花卉植物的自然造型、各种动物生活在清洁的自然环境中、人类免受各种化学物品的侵害等，都以各种特殊的艺术形式表现出来，给人们带来无限风情，非常受欢迎（图1-11）。

图1-11 爱马仕与卡地亚环保设计

第二章

包袋的设计与制作

包袋是人类社会发展到一定阶段的产物。为了满足人们储存和携带物品的要求，包袋的最初形式应运而生，其造型极其简单，只是四角能够对捆在一起包裹住物品的方形布巾。最初包的种类和称呼有包、背袋、锦囊、包裹、兜、褡裢、荷包等，发展到现在已经形成一个专门的包袋体系。

第一节　包袋的种类

包袋的种类很多，按功能性分为随身携带的小巧的日常用包，盛装物品的正式场合使用的手提包、公文包等；按用途分为钱包、化妆包、手机包、旅行包、摄影包、学生包和公文包等；按使用材料分为皮包、布包、塑料包、尼龙包、草编包等；按制作工艺分为编结包、珠饰包、镶皮包、拼接包、压花包、雕花包等；按年龄性别分为绅士包、坤包、淑女包、祖母包、儿童包等。

虽然包袋的种类很多，但基本是和服装搭配使用的，所以包袋的种类和风格的选择应该与服装的种类和风格相一致。

一、男士包袋种类

如今男士的包袋随着时装的日新月异已从单一的皮革类发展到现在由各种质地混合制成，不同的年龄、职业、场合应选择不同的包袋，才能使男士的着装效果和谐一致。

目前，男士的包袋种类非常多，有背包、提包、工具包几大类；从款式上可以分各种立、方、圆、扁形状的造型；结构上则有硬壳和软体之分。男士包袋的色彩不易变化太多，而且一个包袋往往搭配几件服装，所以包袋的色彩不能过于突出。对于很多忙于工作的男士来说，一个黑色皮包是其搭配服饰的最佳选择。带有醒目休闲风格图案或者色彩别致的旅行袋则最适合周末与亲朋好友度假使用。

男士包袋种类包括单肩包、双肩包、手提包、挎包、公文包、电脑包、拉杆皮箱、腰包等。男士包袋中的单肩包、双肩包、沙滩包、拉杆皮箱和腰包等具有中性包袋的性质（图2-1～图2-10）。

图2-1　公文包

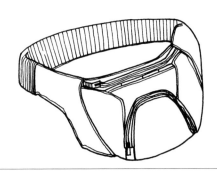

图2-2　腰包（一）

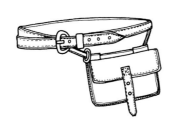

图2-3　腰包（二）

图2-4　手提包

图2-5　挎包

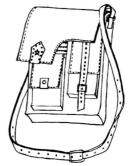

图2-6　斜挎包

图2-7　电脑包

图2-8　皮包

图2-9　拉杆皮箱

图2-10　工具包

二、女士包袋种类

女装款式多变、色彩丰富，故与女装搭配使用的女士包袋的种类和结构也不断地推陈出新。从正式宴会场合使用的高档宴会包到日常使用的小巧别致的钱包，都融入了女性独有的细腻与魅力；白领阶层、职业女性和上班族则会使用与职业装相配套的正式的皮包或坤包，在职场上独领风骚。

女士包袋的种类非常丰富，按年龄段分为幼童段、少年段、青年段、中年段和老年段。幼童段的女孩子年龄在学龄前至8岁，性格活泼可爱、天真烂漫，喜欢小动物，日常活动大多需要大人的陪伴，所以其包袋造型可以和卡通人物、流行影视剧中的形象以及各种漂亮可爱的动物形象联系起来。包袋的色彩应该以高纯度、高明度的色彩为主。少年段的女孩在9～15岁，性格活泼好动，充满幻想，有模仿大人动作和表情的倾向，其包袋的造型可以和流行的造型、热播的影视剧相联系，卡通造型和小动物造型已不再适合她们，包袋的色彩可以是纯度很高的色彩或者是中性的色彩。青年段的女包袋无论从款式还是色彩上的变化都是最为丰富的，这个年龄段的女性接受新鲜事物的能力较强，追求前卫、紧跟流行的步伐，喜欢有个性、与众不同的感觉，所以这个年龄段的女性都有几款不同造型和色彩的包袋。中年女性随着年龄、职业和生活的稳定，其包袋的风格、色彩和造价等会发生相应变化。她们不再追求奇特怪异的造型而是注重品牌、造价，体现身份，所以这时的女性包袋不仅款式多，而且质地优良，价位较高，色彩趋向优雅高贵的色调。随着年龄的增加，老年段女性对包袋的需求量相对减少，其款式和色彩均较为经典。

女士包袋种类包括斜挎包、双肩包、手提包、钱包、手包、化妆包等（图2-11～图2-20）。

图2-11　挎包

图2-12　双肩包（一）

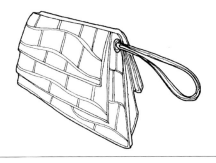

图2-13　手包（一）

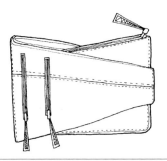

图2-14　手包（二）

图2-15 钱包（一）

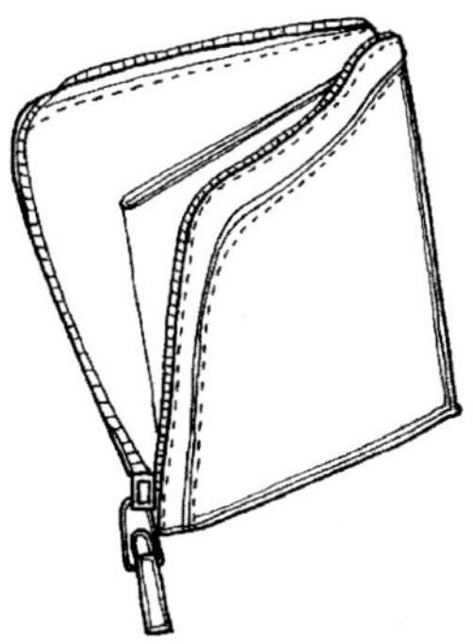

图2-16 钱包（二）

图2-17 双肩包（二）

图2-18 单肩包

图2-19 拎包

图2-20 手提包

第二节　包袋的设计要素

　　包袋的设计不能脱离包袋与服装的关系。不同款式、风格、色彩的服装要搭配不同的包袋，所以包袋应该与服装相协调。包袋具有实用性和装饰性的功能，因此设计包袋还要注意不能只注重美观，而忽略了实用。

设计包袋必须要了解包袋的结构，通常包袋由包盖、包面、包底和里面的贴袋组成。在设计时要注意这几部分的形状、比例、大小的关系，其中形状的变化决定了包袋的造型，比例的变化决定了包袋的外观是否美观舒适，大小的变化决定了包袋的尺寸。不同的材料也会不同程度地影响包袋的造型和最终效果。比如塑料材质做出的包袋，外观透明亮丽，时尚新颖，为很多年轻女性所喜欢，而真皮做出的包袋高档、结实、耐用，是很多爱美人士的首选材质。色彩的变化对于包袋的影响也是很大的，往往是典雅清新的色彩引起了人们的购买欲望。所以结构、材料和色彩是包袋设计的主要元素。

一、包袋的结构要素

包盖、包面和包底以及里面的贴袋是包袋的基本结构，不同的结构变化决定了包袋最终的造型，包袋的造型反过来也会影响包袋的结构。包袋的结构包括有规则形和无规则形，有规则形主要是方形（图2-21、图2-22）、圆形、筒形等；无规则形主要有几何形、扇形、弧形等（图2-23～图2-26）。另外惟妙惟肖的仿生造型也是现代包袋设计中的特色（图2-27、图2-28）。

图2-21　有规则包　　　　　　　　　图2-22　长方形的规则包

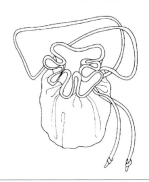

图2-23　无规则包　　　　　　　　　图2-24　无规则背袋

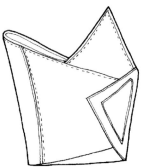

图2-25　牛仔绣花马鞍包　　　　　　图2-26　无规则手包

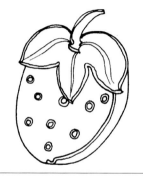

图2-27 仿生卡通包（一）　　　　　　　　图2-28 仿生卡通包（二）

　　规则形的包袋在设计时其结构变化也是规则的、比较容易把握的；而无规则形的包袋其结构的变化要顺应其外形的变化，这种包袋在创意包袋中运用较多；仿生造型的包袋一般在外部结构上变化较大，其内部结构可以根据设计要求而决定是简单还是复杂。

二、包袋的材料要素

　　各种不同的材质具有不同的手感和视觉效果。真皮和皮革是包袋中运用较多的材质，其中硬皮和软皮的感觉不同，制作包袋时也有不同的分工（图2-29～图2-32）。硬皮在男士包袋中运用较多，公文包、男士手提箱、男士挎包等都可以运用粗犷厚实的皮料，能彰显男士豪爽英勇的气质；柔软细腻的软皮或皮革因其质地更能体测女性温柔体贴的性格，所以比较适合制作造型别致的女士包袋。

图2-29 硬皮包（一）　　　　　　　　　　图2-30 软皮包（一）

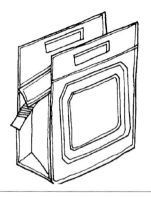
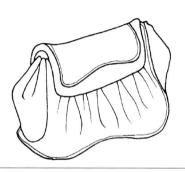

图2-31 硬皮包（二）　　　　　　　　　　图2-32 软皮包（二）

现代很多编结包袋运用的材质已经不仅仅局限在玉米皮、麦秸秆等，甚至一些出口的编结包中运用玻璃丝或者塑料纤维绳等做材质，经染整处理后色彩丰富，搭配变化多样的编结手法制作出来的包袋色彩亮丽、造型新颖，为很多中外友人所喜欢。有的包袋还运用编结和皮料相结合的手法，粗中有细、刚中带柔；也有中国结和串珠相结合的包袋，其效果具有浓厚的中国传统风格，古典与现代相融，不失为一种古为今用的结合手法（图2-33～图2-36）。

图2-33　编结包袋

图2-34　编结背包

图2-35　绳编包

图2-36　编结拎包

布包的设计和运用体现了质朴自然的感觉。尤其在夏季，设计独特的布质包袋为很多年轻人所青睐。花布制作的包袋纯朴可爱、牛仔布制作的包袋大气粗犷。为了加强包袋的特殊效果，可以采用布料和针织质地相结合，布料和皮质相结合，布料上镶嵌珠饰等效果，使布制包袋变化丰富，效果突出（图2-37～图2-39）。

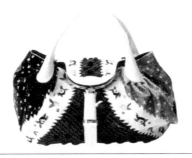

图2-37　花布包

图2-38　布背包

三、包袋的色彩要素

无论在服装上还是在包袋中，色彩效果均非常重要。包袋的色彩分为三大类：一是灰暗的色调；二是中性色调；三是对比强烈、鲜艳明快的色调。

包袋的色彩要和包袋的质地相配合运用，皮质包袋的色彩比较沉稳低调，编结包袋的色彩既有明度高的色调也有明度低的色调，布制包袋的色彩根据面料的选择有蜡染、扎染的效果，也有蓝印花布的纯朴感觉，更有小碎花布的田园风格。所以色彩不同产生不同的感觉，每种色彩的搭配皆有规律可循，掌握色彩的调和与对比规律，对包袋色彩的设计起到指导作用。

单色包袋的色彩可以根据流行色、主题色来确定；同一色调的包袋可以在一个色系中进行明暗的对比处理，以大面积的暗色来对比小面积的亮色或者以大面积的亮色来对比小面积的暗色都可以；对比色调的包袋可以是互补色、对比色运用产生强对比，或者是邻近色运用产生弱对比。

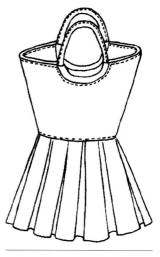

图2-39 儿童布包

第三节　包袋的设计与制作

一、包袋的款式设计

在进行包袋的款式设计时，首先要定位准确，是设计宴会包、公文包、化妆包、沙滩包还是学生背包等，款式不同自然有不同的要求。

宴会包是一种比较正式场合下使用的高档包袋，这种包袋的装饰性很强，造型别致，材质丰富高贵。外形有长方形、筒形、椭圆形、圆形等，常采用很多装饰材质，如珍珠、云母片、金属片、刺绣、人造花等（图2-40、图2-41）。

图2-40 宴会包

图2-41 蝴蝶形宴会包

公文包是上班族使用的包型，公文包的造型多为直线型，相对没有较多的装饰，简洁、大方、实用（图2-42、图2-43）。

图2-42　公文包　　　　　　　　　　　　　图2-43　两用公文包

化妆包是女性每天必备或者随身携带的存放简单化妆品的包型，充分体现女性特征，常用比较柔软细腻的面料和各种装饰元素相配合使用（图2-44、图2-45）。

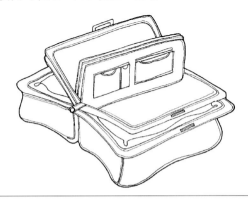

图2-44　化妆包　　　　　　　　　　　　　图2-45　多层化妆包

沙滩包是外出使用的包型，这种包根据不同的使用者，可以在外形上进行创意变化，里面的容积较大，方便盛装物品。材质可以是各种粗布、编结材质、皮革等（图2-46、图2-47）。

图2-46　沙滩包　　　　　　　　　　　　　图2-47　编织沙滩包

学生背包与双肩背包的造型大体相同，只是根据学生的特点，在外形上增加很多装饰图案，符合学生日常使用特点。

包袋款式设计实物如图2-48～图2-53所示。

图2-48 挎包

图2-49 珠片拎包

图2-50 晚宴包

图2-51 针织拎包

图2-52 化妆包

图2-53 镶钻手袋

二、包袋的结构制图

包袋的结构包括前面、后面、包墙、包盖、包底、包带。

（1）包袋基本款式和制图（图2-54 、图2-55）。

（2）化妆包基本款式和制图（图2-56～图2-58）。

（3）拎包基本款式和制图（图2-59～图2-62）。

（4）手袋基本款式和制图（图2-63～图2-65）。

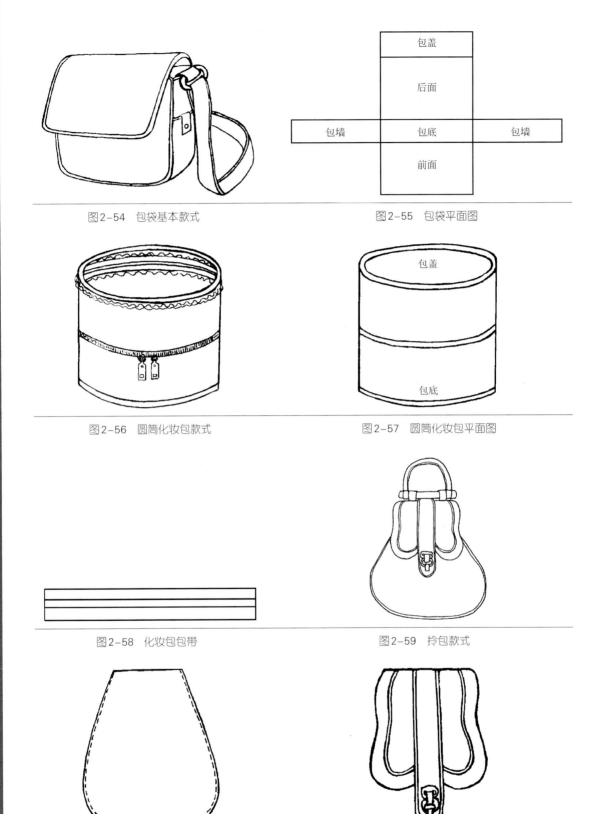

包盖

后面

包墙 | 包底 | 包墙

前面

图2-54 包袋基本款式　　　　　图2-55 包袋平面图

包盖

包底

图2-56 圆筒化妆包款式　　　　图2-57 圆筒化妆包平面图

图2-58 化妆包包带　　　　　　图2-59 拎包款式

图2-60 拎包包体图　　　　　　图2-61 拎包包盖图

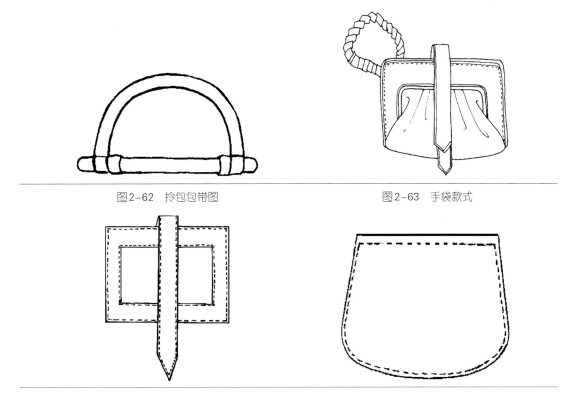

图2-62　拎包包带图　　　　　　　　　图2-63　手袋款式

图2-64　手袋外框平面图　　　　　　　图2-65　手袋中部平面图

三、包袋的具体加工工艺

1. 包袋的制作工具

　　包的制作工具主要有剪刀、尺子、锥子、锤子、缝纫机、手缝针、钳子、打孔器等。其中，锤子可以用来制作皮革包，皮革的缝头不能用熨斗烫熨，可以采用锤子捶打的方法来处理。在制作工程中，缝纫机可以用圆机器和工业用缝纫机。圆机器主要用来缝合弯曲部分或者圆形的部分，或者是在这些部分压明线等，另外还有一些不能手缝的部分也要用圆机器来实现。钳子主要用于让金属类的部件造型达到设计效果。打孔器是包上打孔用的。

2. 包袋打版

　　包袋的打版分为面料版、里料版和衬料版三大部分。

　　面料版包括前面、后面、包盖、包墙、包底、包带、贴边和滚边用料的版型。

　　里料版包括里子布，也就是前面、后面、包墙、贴袋、包袋和包盖等的里料。

　　衬料版包括包盖心、包盖前面部分的二层心、手提带或者是背带以及为加强包口拉链部分耐劳度的包口衬。此部分无需缝头，可为净样板。

四、包袋的设计与制作范例

范例1　卡通包

　　卡通包是儿童喜欢的造型生动形象、色彩明快，符合儿童心理需求的包型。此类包袋以立体、镶拼为主，不适合有太多的棱角，拼贴的图案要求简洁、美观、有趣味。面料适合用质地柔软的细棉布、绒布或者是长毛绒布，特殊造型里面可以填充海绵或者是棉等填塞物，使形象更加逼真可爱。

如图2-66、图2-67所示的熊猫形状的卡通包，在制作时主要是头部的工艺表现。两个黑色的立体小包作为熊猫的眼睛，包身部分采用简化的手法，使头部和躯干形成鲜明的对比。

制作要点如图2-68～图2-71所示。

图2-66　熊猫卡通包袋制作 　　　　　　　　　　　　　图2-67　熊猫卡通包示意图

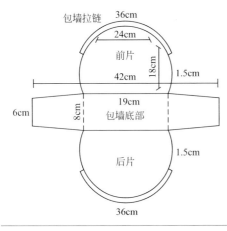

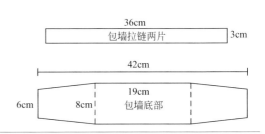

图2-68　熊猫卡通包包面分解 　　　　　　　　　　　　图2-69　熊猫卡通包部件分解

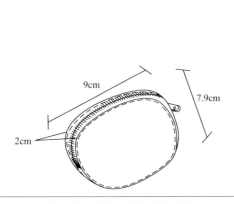

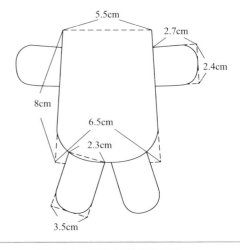

图2-70　熊猫卡通包眼睛包两个 　　　　　　　　　　　图2-71　熊猫卡通包躯干部分

　　首先，在设计此包时将熊猫造型的头部作为包的主题部分，减弱其他部分，形成夸张的对比效果。

其次，在制作包体时先做好两个黑色的立体小包作为熊猫的眼睛，增强造型真实感。

然后，裁出包袋其他部位造型尺寸，将眼睛包缝合到包体前片。

最后，缝合整理，并可以加上其他坠饰。

制作步骤如下：

① 制作熊猫卡通包的眼睛，即制作两个立体小黑色包，如图2-70所示。准备包前后面的用料、包墙用料、拉链，然后缝合。

② 将黑色小眼睛包与卡通包的包面缝合。在黑色眼睛包的四周缉0.1cm明线，如图2-72所示。

③ 制作熊猫卡通包的躯干部分，如图2-71所示。

④ 在卡通包的后片里面做内贴袋制作，如图2-73所示。

⑤ 包墙、包带与两片拉链部分缝合。

⑥ 包面、包墙、躯干等其余部分缝合。

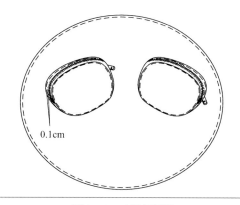

图2-72　卡通包眼睛

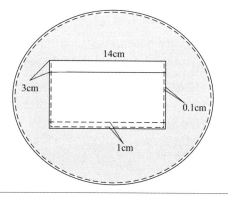

图2-73　卡通包内贴袋

范例2　拼贴图案包袋制作

如图2-74所示，此包是直接裁剪出所用的形状，然后在包面上面镶嵌拼贴图案和花纹，再根据设计所需来确定包面的造型以及所需拼贴的材质。前后包面通过包墙连接起来，造型简洁、美观。

制作要点如图2-75、图2-76所示。

首先，设计包体造型，选择材质。

其次，裁出所需包面造型，在上面做镶嵌图案装饰。

然后，包带与前后包面缝合，之后镶拉链。

最后，前后包面与包墙连接，缝合。

图2-74　拼贴图案包袋制作

制作步骤如下。

① 裁出所需包面造型前后两片，并在上面做装饰图案设计。可根据设计风格选用适合的材质做装饰，如图2-74所示。

② 裁出里料，在里料上做里袋，然后与包面缝合，如图2-77所示。

③ 前后包面分别与包带缝合，如图2-78所示。

④ 包墙与拉链连接。

⑤ 包墙和包面连接缝合。

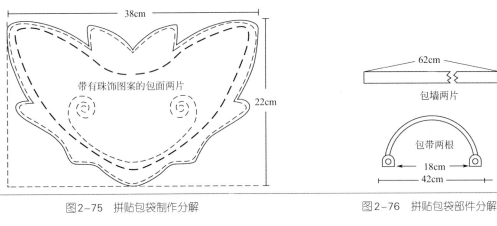

图2-75　拼贴包袋制作分解

图2-76　拼贴包袋部件分解

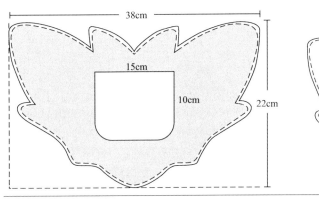

图2-77　拼贴包内侧贴袋

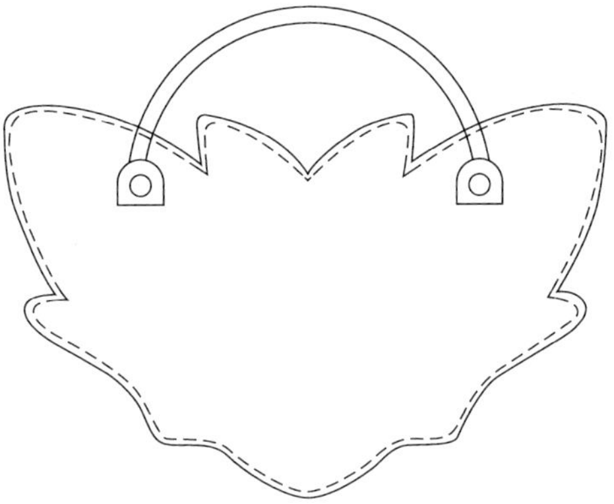

图2-78　拼贴包包带缝合

范例3　化妆包制作

化妆包是体现女性特点的、小巧、别致的日用包。里面可以有隔层，多用蕾丝、花边、缎带等做装饰，属于美观、典雅的包型。

图2-79、图2-80所示是常见的化妆包，其造型较为简洁，材质多样，制作方法简单易懂，可根据自己的喜好加适量装饰。

制作要点如下：

首先，选择材质，裁剪样板。

其次，根据设计需要做出里面的夹层。

最后，包边缝合。

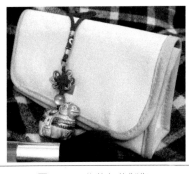

图2-79　化妆包的制作

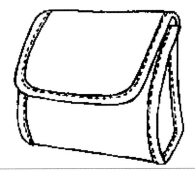

图2-80　化妆包示意图

制作步骤如下：

① 根据化妆包示意图，裁剪出化妆包用料，如图2-81所示。

② 在包前面和包盖内侧钉好连接扣子，如图2-82所示。

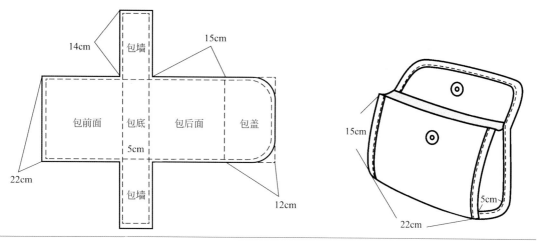

图2-81　化妆包分解示意图　　　　　　　　　　　　图2-82　钉扣子

③ 按照图2-81所示虚线部位加里料。

④ 根据设计需要可以在化妆包里料上做内贴袋，如图2-83所示。

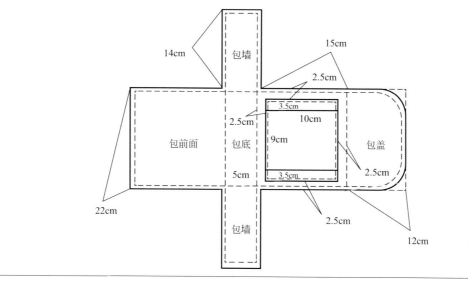

图2-83　化妆包内贴袋制作

⑤ 用宽度为1.6cm的包边条将化妆包四周包边，前后各为0.8cm，包边条与包面相连处缉0.2cm明线，使包墙与包面连接。

范例4　日常拎包制作

日常拎包为造型简单、实用、材料多样，无需太多装饰的包型。

如图2-84、图2-85所示，此款手拎包采用牛仔面料制作，可以将旧牛仔裤和其他面料结合使用。中间压褶部分精致细腻，铆钉、牛仔和细皱褶形成粗狂与细致的强对比。整个包袋设计既实用又不失个性。

图2-84 日常拎包制作　　　　　　　　　图2-85 日常拎包示意图

制作要点如下：

首先，选好中间压褶面料，压褶定型备用。

其次，根据版型裁出所需牛仔部分造型，之后钉铆钉做装饰。

然后，做好里子部分，包带与牛仔包面相连，牛仔部分与压褶部分连接。

最后，里外造型缝合。

制作步骤如下：

① 先把牛仔包中间压褶部分做压褶效果，每个褶宽度为2.5cm，压褶部分总宽度为35cm，如图2-86所示。

② 除压褶部分外的造型制作，如图2-87、图2-88所示，并连接各部分，做铆钉效果。

③ 里料制作，并在里料上做里袋，如图2-89所示。

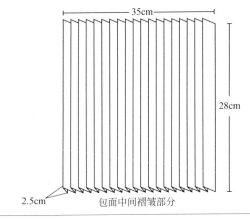

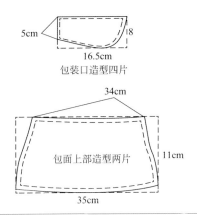

图2-86 褶皱部分分解　　　　　　　　　图2-87 包面分解

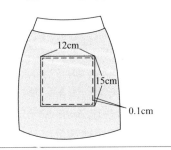

图2-88 包底部分　　　　　　　　　　　图2-89 手拎包内贴袋制作

④ 包带与包面连接。

⑤ 里料和包面分别缝合。

范例5　完成时尚挎包的制作

这种包袋的造型较为讲究，充分体现流行和时尚元素，多为年轻和追求时尚的女性所喜欢。材质根据流行需要而定，其色彩和装饰成分也要与流行同步。

如图2-90、图2-91所示，此款包袋造型大方时尚，运用面料切割的手法，增加包面的肌理效果，在制作过程中要将切割部分做好，防止分割太碎。

制作要点如图2-92、图2-93所示。

图2-90　时尚挎包制作

图2-91　时尚挎包示意图

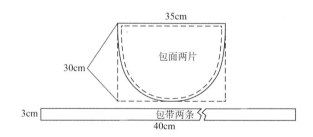

图2-92　时尚挎包制作分解

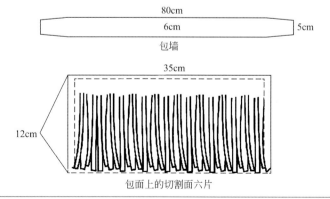

图2-93　时尚挎包制作分解

首先，根据包袋尺寸裁出所需包面部分。

其次，根据包面尺寸裁出六片需要分割的部分。

然后，前后包面和分割面连接，分别合里子、合包面，上拉链。

最后，钉包带，最后调整。

制作步骤如下：

① 包面用料前后各两片，然后准备前后共六片分割面，将分割部分均匀裁出备用。

② 将裁出的分割面与前后两片包面连接，如图2-94、图2-95所示。

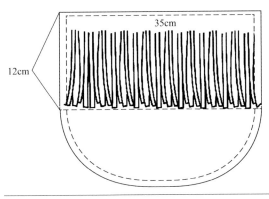 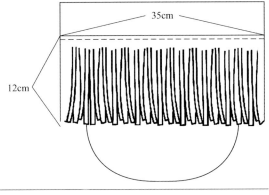

图2-94　分割面与包的前后面连接（一）　　　　　图2-95　分割面与包的前后面连接（二）

③ 里料上加里袋制作。

④ 拉链部分与前后包面相连接。

⑤ 里料缝合，包面缝合，包带与包墙缝合。

第四节　项目教学实训

实训1　完成拎包的制作

拎包款式图见图2-96。

图2-96　拎包款式图

1. 拎包结构制图

拎包结构制图见图2-97～图2-103所示。

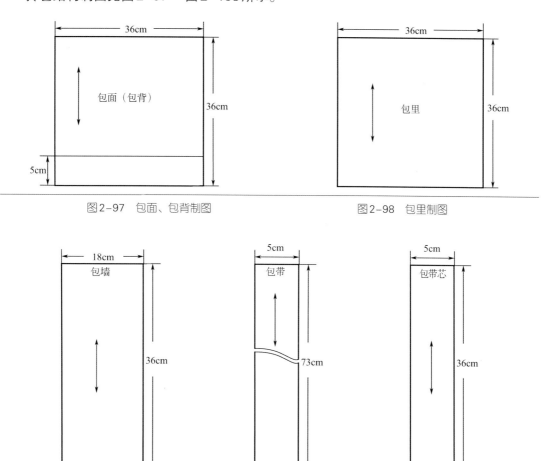

图2-97　包面、包背制图　　　　　　图2-98　包里制图

图2-99　包墙制图　　　　图2-100　包带制图　　　　图2-101　包带芯制图

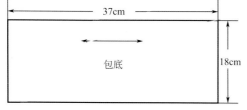

图2-102　包底制图

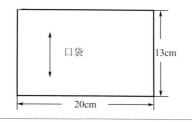

图2-103　包里口袋制图

2. 拎包制作步骤

款式特点：此款拎包包形为长方形，包墙上缘钉有磁扣，磁扣扣合时包形呈现上小下大的造型，表面有分割线；包带细圆，钉缝处为菱形交叉装饰线；有包里，包里上有贴袋。

颜色：单色。

材料：硬质皮革。

成品：见图2-104、图2-105所示。

图2-104　拎包正面图　　　　　　　　　　图2-105　拎包侧面图

具体制作步骤如下。

① 根据1：1制图在面料、里料上排版、排料、画片，然后进行裁剪，如图2-106、图2-107所示。

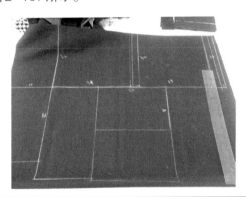

图2-106　拎包排版　　　　　　　　　　　图2-107　拎包裁片

② 缝合包面分割线、缉明线，合包面、包背、包底和包墙，如图2-108～图2-111所示。

图2-108　缝合包面　　　　　　　　　图2-109　缝合分割缝、缉明线，合包面、
　　　　　　　　　　　　　　　　　　　　　　包背、包底和包墙

图2-110 拎包里面缝份劈缝　　　　　　　　图2-111 包面及分割线缉明线

③ 画出包袋的位置，包里部在包带缝合处要粘黏合衬。将已做好的包带钉缝在包袋位置（为了做出细且圆的包带，要裁出比包带窄的包芯条，制作时夹在包带里面）。包带缉两道0.15cm明线，之后用菱形装饰线钉缝包带，如图2-112～图2-116所示。

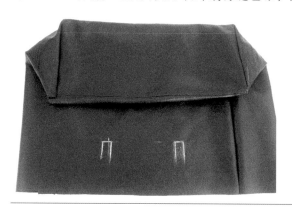 

图2-112 画包带位置　　　　　　　　　　图2-113 包带制作

图2-114 包带条、包带芯及包带　　　　　　图2-115 钉缝包带

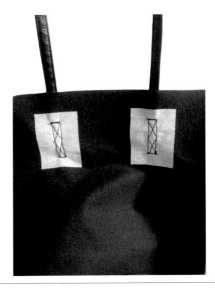

图2-116　包里部在包带缝合处要粘黏合衬

④ 在包墙上画出磁扣位置，并在磁扣位置背面粘黏合衬或加上垫布，用锥子、小铁锤等工具钉缝磁扣，如图2-117、图2-118所示。

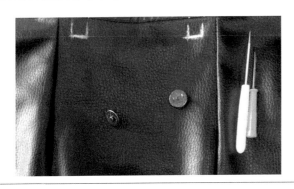

图2-117　包墙上画出磁扣位置

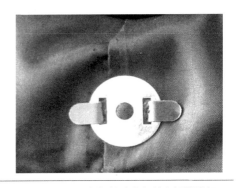

图2-118　里侧加垫布在包墙上钉缝磁扣

⑤ 制作包里，在合缝包里前先把里布贴袋缝合在里子表面，待合缝完成，在包底缝份上缀缝1～1.5cm宽、3cm长的里布条作为牵条待用，之后把包里牵条与包面缝份间隔1～1.5cm缝合在一起，如图2-119、图2-120所示。

图2-119　包里制作同包面

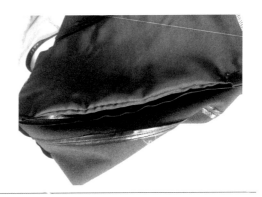

图2-120　合包面和包里

⑥ 最后，将包里、包面翻整好，包口缝份对齐并做几点固定，用裁制好的包边条将包袋的包口边缘包缝好，明线为0.15cm，包袋完成，如图2-121所示。

图2-121　包口包边条包缝、缉明线、包袋完成

实训2　完成流行帆布包的制作

如图2-122～图2-127所示，此款包袋造型别致、款式新颖、色彩明快靓丽，材质以帆布面料为主，搭配少量PU用于兜盖。该款包主要特点是实用性强，前面侧面均可以装零用品，且不凌乱。

图2-122　流行帆布包正面图

图2-123　流行帆布包结构图

图2-124　流行帆布包背面俯视图

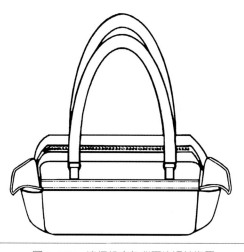

图2-125　流行帆布包背面俯视结构图

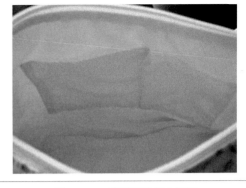

图2-126 流行帆布包侧视图   图2-127 流行帆布包内侧图

该款包在裁剪制作过程中，各部位尺寸要准确无误，而且色彩选择以明快为好。

制作要点如下：

首先，根据包袋尺寸和结构裁出前后包面各部位。

其次，根据包袋尺寸和结构裁出包里各部位。

然后，前后包面和分割面连接，分别合里子、合包面，上拉链。

最后，钉包带，最后调整。

制作步骤如下：

① 根据包袋结构将前后包面用料裁出备用，如图2-128所示。

② 分别将包面前后片各部位连接，如图2-129所示。

③ 缝制里料，如图2-130、图2-131所示。

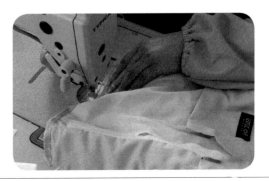

图2-128 包面各部位裁片   图2-129 包面各部位缝合

图2-130 熨烫里料   图2-131 缝制里料

④里料缝合，包面缝合，包带与包墙缝合。

⑤拉链部分与前后包面相连接。

⑥后调整，如图2-132所示。

近些年网络营销发展迅速，简洁实用的包型走势良好，如图2-133～图2-140所示。

图2-132 后期整理

图2-133 包（一）

图2-134 包（二）

图2-135 包（三）

图2-136 包（四）

图2-137 包（五）

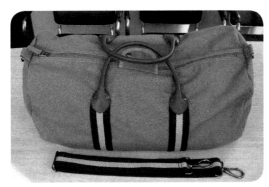

图2-138 包（六）

图2-139 包（七）

图2-140 包（八）

课后习题

1. 自主创意一款时尚女包，材质、款式、色彩依据设计而定。

2. 设计几款背包，待用原料为牛皮纸，用胶或胶带纸粘贴而成，快速成型，观其效果。

第三章

鞋的设计与制作

鞋是人类服饰文化的重要组成部分，在服装、服饰中占有举足轻重的地位。随着社会的进步以及人们对服装、服饰要求的日益提高，鞋的设计也在不断地发展变化，不仅要具备良好的使用功能，外观也要符合审美需求。因此，进行鞋的设计时除了考虑功能、结构、工艺加工等因素外，还必须要对鞋的造型、色彩、装饰、肌理等方面进行综合考虑。

鞋是由一些零部件组合在一起的，比如鞋帮、鞋底、鞋跟等，这些结构除了影响鞋的使用性能，对鞋的外观造型也产生了一定的影响，在设计与制作鞋时应充分考虑鞋的结构对款式的影响。

鞋的部件名称有的是由其形状命名的，有的是由部件所处位置命名的，有的是由部件在鞋上所起作用命名的，还有一些是由部件的组成材料命名的（图3-1、图3-2）。

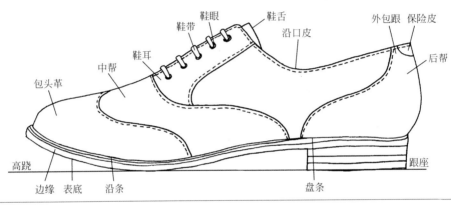

图3-1　男鞋部件名称

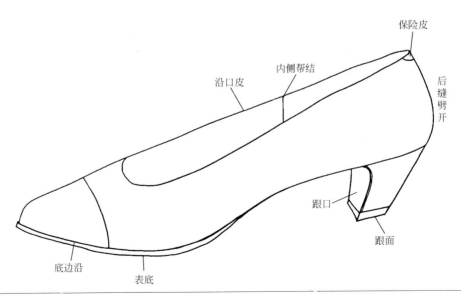

图3-2　女鞋部件名称

第一节 鞋的种类

一、男鞋的种类

1. 运动鞋

根据不同种类的运动项目，就有不同种类的运动鞋。

（1）篮球鞋 篮球鞋有两种，一种是鞋底纹络水平，适合于室内打篮球时穿着；另一种是在原有的基础上再加入气垫、防扭转功能，对足踝起到加强作用。一般篮球鞋鞋底的防滑性能较好，大部分鞋底都和地面接触。还有的篮球鞋鞋带穿孔很多，鞋垫比较厚（图3-3）。

（2）足球鞋 足球鞋的设计从鞋底到鞋面均为踢足球设计。足球鞋底部有钉子底，而且鞋的造型小巧，鞋帮前部有增加摩擦的垫子或纹络，用来射门（图3-4）。

图3-3 篮球鞋

图3-4 足球鞋

（3）慢跑鞋 慢跑鞋的鞋底由EVA及橡胶大底合成，轻便、舒适，鞋底设计有规则和块状体设计，纹路较深，有抓地力、推动力（图3-5）。

（4）网球鞋 由于打网球有快速启动、急停急转、踮足转体、凌空腾跃的特点，所以网球鞋要强调抓地性和鞋子的支撑性（图3-6）。

图3-5 慢跑鞋

图3-6 网球鞋

（5）胶底帆布鞋 鞋底用橡胶、鞋帮用帆布制作，系鞋带，是各年龄段的人们日常穿用的运动鞋的代表（图3-7）。

（6）其他运动鞋　对每一种运动来说，如乒乓球、羽毛球、排球、跳高、自行车、极限运动等，都有属于各自项目的专业运动鞋。

 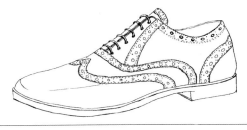

图3-7　胶底帆布鞋　　　　　　　　　　　图3-8　镂花皮鞋

2. 镂花皮鞋（Brogues）

镂花皮鞋鞋头有如飞鸟羽翼的M字压花或车线的一种装饰，是一种深具实用主义的鞋款，据说最早穿着这种鞋的人是苏格兰及爱尔兰地区的劳工，粗革厚底以及打满透气孔的鞋面，全都是为了方便劳工在潮湿的气候下更好地进行野外劳作并且保持鞋子透气。现在的Brogues鞋精致华丽，那些鞋孔的装饰意义已经超过了透气的意义，甚至变成了Brogues的重要特征，使鞋子颇具英伦绅士的气质（图3-8）。

3. 牛津鞋（Oxfords）

在17世纪英国赫赫有名的牛津大学，男生们都流行穿一种鞋子楦头以及鞋身两侧做出如雕花般的翼纹设计的制服鞋，这种鞋就是现在我们称为牛津鞋的始祖。牛津鞋通常在鞋面打三个以上的孔眼，再以系带绑绳固定，不仅为皮鞋带来装饰性的变化，也显出低调古典的雅致风味（图3-9）。

4. 德比鞋（Derbies）

德比鞋是在欧洲非常流行的一种绑带鞋的统称，鞋子的设计颇具舒适感。与牛津鞋相比，德比鞋的鞋舌和鞋面是连在一起的，并且两片鞋耳之间用可松紧的鞋带固定出一些间距，这样便于调节穿着后的松紧。德比鞋在保留经典男鞋款式的同时又能够为穿着者提供足够充分的穿着空间，提供的是一种真正舒适的感觉。德比鞋不仅适合休闲穿着，也很适合用在正装场合，搭配具有一定的灵活性（图3-10）。

图3-9　牛津鞋　　　　　　　　　　　图3-10　德比鞋

5. 浅口便鞋（Loafers）

这是一种设计简单利落的鞋款，穿着容易、舒适。它依然保留了传统皮鞋的基本款型，并进行了些许的改良，材质与细节的改变让鞋子看起来与众不同（图3-11）。

6. 孟克鞋（Monk-Strap Shoes）

孟克鞋的最大特色在于鞋面上有一个宽大的横向带装饰及金属环扣，并压附于鞋舌上，这个横带装饰就被称作Monk-Strap，这也是Monk-Strap Shoes名称的由来。现在的孟克鞋在设计上显得越来越有型，配色也越来越大胆，使这种经典的鞋款焕发出全新的绅士气质。孟克鞋一般会比其他款型的皮鞋更具设计感，一般的品牌都会在孟克鞋的搭扣上别出心裁，以设计出最特别的孟克鞋（图3-12）。

图3-11　浅口便鞋　　　　　　　　　　　　　　　　图3-12　孟克鞋

7. 靴（Boot）

（1）工作靴　这种靴在美国是作为劳动用而开发的短腰靴，也称作业靴。靴腰至踝骨以上，有粗明线装饰，系带，厚底。结实耐用，在户外活动时也可穿用，常与牛仔裤搭配（图3-13）。

（2）橡筋短靴　在穿口的两侧缝入V形或U形橡筋的短靴。在19世纪是多数绅士穿礼服的配套靴（图3-14）。

图3-13　工作靴　　　　　　　　　　　　　　　　图3-14　橡筋短靴

（3）乘马靴　鞋腰的高度从膝盖以下到踝骨不等。重点是在靴的脚腕系皮带和皮带扣环。很久以前由印度的骑兵队乘马时穿着而得名（图3-15）。

（4）牛仔靴　是靴系马靴的一个种类，在美国历史上是专为方便牛仔工作而设计的鞋类，有美国文化特色之一的称号。为了使脚上马镫时方便，靴帮的前端为小方头鞋尖，鞋跟多是结实的半高跟。靴的上口前后呈V形曲线，便于腿部的活动，侧面和脚面部位有明显或浮雕图案装饰（图3-16）。

8. 凉鞋

凉鞋的设计具有自身的特点，即要求以"凉"为主（详见女鞋的种类中的凉鞋）。

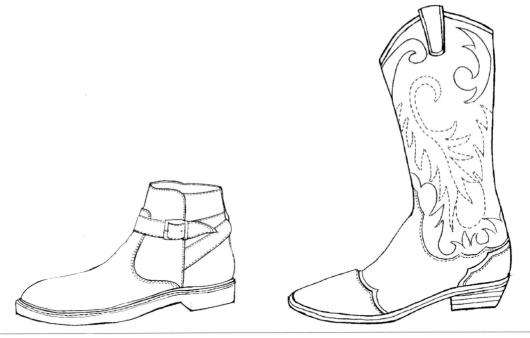

图3-15 乘马靴　　　　　　　　　　图3-16 牛仔靴

9. 拖鞋

拖鞋没有后帮，容易穿脱的鞋。

（1）家居拖鞋（图3-17）。

（2）沙滩拖鞋　鞋帮一般为"丫"形的拖鞋，俗称"人字拖"（图3-18）。

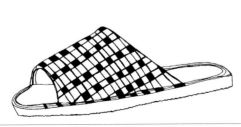

图3-17 家居拖鞋　　　　　　　　　图3-18 沙滩拖鞋

二、女鞋的种类

1. 浅口鞋（Pumps）

鞋口较大，穿脱方便，脚面露出部分较多，不配纽带或金属卡等任何部件，前帮长度较浅，称为浅口鞋。这是女鞋的基本样式，其鞋跟有高跟、中跟和低跟之分（图3-19）。

2. 高跟鞋

女式鞋根据鞋跟结构可分为平跟鞋、中跟鞋、高跟鞋、特高跟鞋等。

（1）平跟鞋　跟高30mm以下。

（2）中跟鞋　跟高为30～60mm。

（3）高跟鞋　跟高为60～80mm。

（4）特高跟鞋　跟高85mm以上。考虑到舒适性的问题，特高跟一般前掌部位伴有一定高度的平台（图3-20）。

图3-19　浅口鞋　　　　　　　　　　　　　　图3-20　特高跟鞋

3. 坡跟鞋（Platform）

跟体成楔坡形与前掌部位相连。与相同高度的高跟鞋比较，坡跟鞋坡度较小，所以穿着相对舒适（图3-21）。

4. 凉鞋（Sandals）

凉鞋的设计具有自身的特点，即要求以"凉"为主。

（1）满帮式凉鞋　在鞋帮上设计出各种形状的花眼，以增加凉爽性。女式多属浅口式和中盖式（图3-22）。

（2）前后满中空式凉鞋　前帮有包头，后帮有外包跟，中帮腰窝部位一般只有一两根条带连接前后帮或者根本没有腰帮部件的凉鞋款式（图3-23）。

（3）前后空中满式凉鞋　其结构上的特点是前、后帮的前后两端都有较大的空隙，而腰帮为一整块部件（图3-24）。

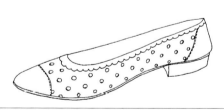

图3-21　坡跟鞋　　　　　　　　　　　　　　图3-22　满帮式凉鞋

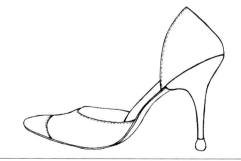

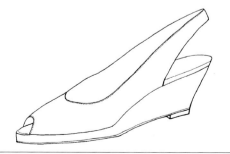

图3-23　前后满中空式凉鞋　　　　　　　　　图3-24　前后空中满式凉鞋

（4）前满后空式凉鞋　与前后满中空式凉鞋和前后空中满式凉鞋不同，前满后空式凉鞋则是将凉鞋鞋帮分为两段式。顾名思义前帮为满帮，后帮镂空或没有后帮（俗称"凉拖"）（图3-25）。

（5）前空后满式凉鞋　前帮用条带组合成镂空的形式，后帮是含有主跟的满帮形式，这种款式的凉鞋就是前空后满式凉鞋（图3-26）。

（6）全空式凉鞋　整个凉鞋鞋帮从前到后都是镂空的，也就是说其鞋帮都是由条带组成的（图3-27）。

（7）编织凉鞋　凉鞋鞋帮有部分编织部件或者全部鞋帮都是编织而成的鞋，统称为编织凉鞋（图3-28）。

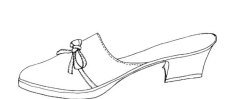

图3-25　前满后空式凉鞋　　　　　　　　图3-26　前空后满式凉鞋

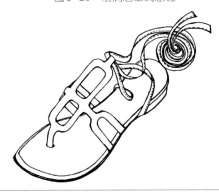

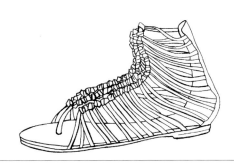

图3-27　全空式凉鞋　　　　　　　　　　图3-28　编织凉鞋

（8）网面凉鞋　鞋帮呈网状，一般用网状织物做鞋帮，如纱网、蕾丝等材料（图3-29）。

5. 靴（Boot）

通常把到踝部以下的称为鞋，到踝部以上的称为靴，即凡靴筒高度超过脚腕高度的就统称为靴。靴筒高度的增加使靴子的穿脱显得重要，根据开合部件（拉链、纽扣、系带）所设置的位置可以分为前开式、侧开式和后开式，另外还有的靴子没有开合部件，靴筒肥度足够穿脱或是靴筒为弹力材料。靴筒高度和形态的变化主要分为短靴、中靴、长靴、特长靴（图3-30～图3-33）。比较常见的靴筒形

图3-29　网面凉鞋

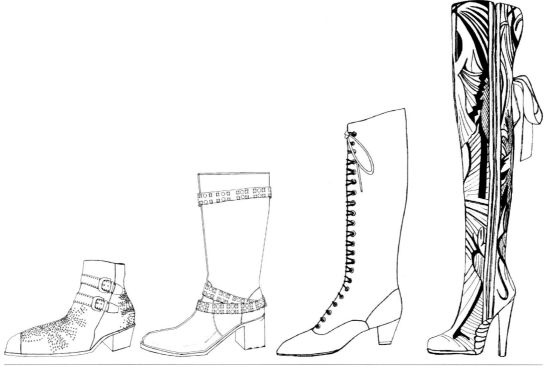

| 图3-30 短靴 | 图3-31 中靴 | 图3-32 长靴 | 图3-33 特长靴 |

状有喇叭口型、直筒型和紧身型三种。靴筒口的形状也是不容忽视的设计环节，特别是紧身型及马靴类的靴子，整个靴筒在穿用的时候是暴露在外面的，可以根据需要将靴筒口设计成前高、后高、直线、曲线、不规则等几种类型。

6. 运动鞋

同男鞋的种类中的运动鞋。

7. 拖鞋

同男鞋的种类中的拖鞋。

三、童鞋的种类

童鞋是专门为0～16岁年龄段的孩子而设计的，应讲究轻巧、透气、舒适、适合脚型健康生长等特点（图3-34～图3-36）。根据不同分类形式童鞋可分为以下几类。

| 图3-34 小童鞋 | 图3-35 男童鞋 | 图3-36 女童鞋 |

（1）按型号分
　　① 婴儿鞋9 ～ 12.5号。
　　② 小童鞋13 ～ 16号。
　　③ 中童鞋16.5 ～ 19.5号。
　　④ 大童鞋20 ～ 23号。
（2）按性别分
　　① 男童鞋。
　　② 女童鞋。

第二节　鞋的设计要素

一、鞋的款式设计

　　依据鞋的结构，鞋的款式结构主要包括鞋底设计、鞋跟设计、鞋楦设计、鞋帮设计、鞋筒设计和装饰设计。

1.鞋底设计

　　与足底接触的一面称鞋底。

　　（1）鞋底造型设计　鞋底设计的造型变化主要是鞋尖部位与鞋跟部位的变化，鞋尖的形式有方头、尖头、圆头等基本造型（图3-37），在基本造型的基础上可根据流行程度加以变化。鞋底的外观形状变化与鞋跟是紧密联系在一起的，例如，跟底一体的坡形底、松糕底、运动鞋底等，在设计或选择时，均应仔细比较其与鞋帮体结构、楦型、跟型的统一性（图3-38）。

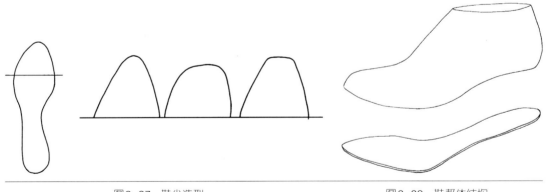

图3-37　鞋尖造型　　　　　　　　　　　　　　　图3-38　鞋帮体结构

　　（2）鞋底部花纹设计　鞋底部花纹包括底边墙花纹和底花纹，底部花纹既有美化造型的作用，同时又能在穿用过程中起到防滑的功效。

　　① 边墙花纹　边墙对于正装鞋来讲只有厚薄变化，但是对于运动鞋、女厚底鞋而言，边墙是鞋底装饰的一个重要部位。鞋底边墙是鞋底中直接暴露在人们视线之下最明显的部

位，其对整体鞋的装饰盒美观影响很大，边墙与鞋帮在花纹、结构、图案、形状和颜色搭配等方面要相互呼应、浑然一体。边墙的高度有高、中、低之分，花纹深度有深浅之分，颜色上也可以采用单色或多色设计（图3-39）。

② 底花纹　鞋底部直接跟地面接触，考虑到鞋底和地面的摩擦因数，增大与地面的摩擦力。在保证这一功能性的前提，鞋底的花纹设计也是体现设计思路的一个载体（图3-40）。

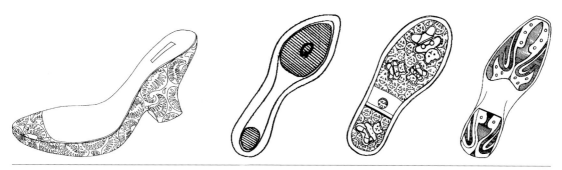

图3-39　边墙花纹　　　　　　　　　　　　图3-40　底花纹

2. 鞋跟设计

鞋跟的样式丰富，总体来说女式鞋跟高矮度及造型变化比男式鞋多样。根据高度分为平跟（跟高30mm以下）、中跟（跟高为30～60mm）、高跟（跟高为60～80mm）、特高跟（跟高85mm以上）；根据鞋跟的造型分为直跟、卷跟和坡跟三种，在这三种基本造型的基础上还可衍生出不同造型的鞋跟。

（1）直跟　也称块跟。特征是跟口成直线或斜线形，线条清晰明朗，造型简洁、干练（图3-41）。

（2）卷跟　俗称路易斯式鞋跟，在跟座面至跟口交接处以曲线的形式连接，形成一个小的卷舌，线条柔和，可以很好地体现女性妩媚、娇柔的特点（图3-42）。

（3）坡跟　跟体成楔坡形与前掌部位相连。与相同高度的高跟鞋比较，坡跟鞋坡度较小、坡跟面与地面接触面积大，稳定性好，所以穿着相对舒适（图3-43）。

（4）异型跟　追求款式的与众不同，依靠独特的造型吸引消费者的注意，在设计上可以充分发挥想象力，利用生活中的事物作为设计素材，如酒杯跟、轮胎跟、匕首跟等（图3-44）。

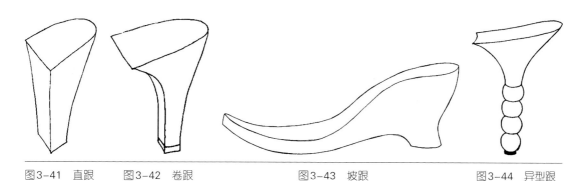

图3-41　直跟　　图3-42　卷跟　　　　　　图3-43　坡跟　　　　　　图3-44　异型跟

3. 鞋楦设计

鞋楦是鞋的母体，是鞋的成型模具。鞋楦来源于脚，应用于鞋，不仅决定鞋造型和式样，更决定着鞋是否合脚，能否起到保护脚的作用。因此，鞋楦设计必须以脚型为基础，但又不能与脚型一样,因为脚在静止和运动状态下,其形状、尺寸、适应力等都有变化,加上鞋的品种、式样、加工工艺,原辅材料性能,穿着环境和条件也不同,鞋楦的造型和各部位尺寸也就不可能与脚型完全一样。另外,鞋楦的角度也应结合鞋底、鞋跟来综合考虑。鞋楦的种类很多(图3-45),按不同的分类形式可以分为以下几类。

图3-45 鞋楦

(1)按鞋楦的材质分 木鞋楦、塑料鞋楦和金属鞋楦等。
(2)按应用对象的年龄、性别分 童鞋楦、成人楦、男鞋楦和女鞋楦等。
(3)按鞋楦头的造型分 圆头楦、方头楦、高头楦、扁头楦和尖头楦等。
(4)按鞋帮的款式分 满帮楦、低腰楦、高腰楦和长筒楦等。
(5)按鞋楦的结构分 两节楦、铰链弹簧楦、锯盖楦、整体楦和装有铁底板楦等。

4. 鞋帮设计

覆盖脚背和后跟的部分称鞋帮,鞋帮的设计是鞋子设计的重要部分,因为它是一双鞋风格、特点的重要表现环节,也是吸引消费者注意力的亮点。鞋帮分为前帮和后帮,前帮是鞋的主要显露部位。前帮除了楦头型的变化以外,结构分割线的变化对整个鞋的造型也产生重要的影响。鞋帮面的分割变化丰富多样,归纳起来有以下几种。

(1)素头式 前帮部位无任何分割线,帮面完整。造型朴素大方,但少变化,因此在设计时可以突出楦头的特色或在材料上采用纹理变化的设计(图3-46)。

(2)围条围盖结构 在鞋的前帮部位,顺着楦体前部棱线的走向,做围条围盖的分割线,围条围盖鞋是皮鞋前帮的主要分割方式,此种结构线条圆顺,能很好地体现跗背优美的线条。围条围盖结合大致有两种形式,一种是平面结合,一种是起埂结合(图3-47)。

(3)破缝结构 前帮在纵向上做分割线,称为破缝,较常见的有中破缝和双破缝两种结构。破缝结构可以使鞋看上去修长不臃肿,另外也使鞋的结构容易处理(图3-48)。

(4)不对称结构 帮面分割方式打破常规,改变了传统结构以背中线为轴线左右对称的设计,线条设计较随意,有较大的自主性(图3-49)。

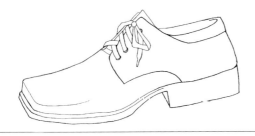

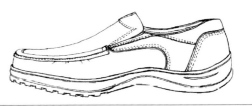

图3-46 素头式   图3-47 围条围盖结构

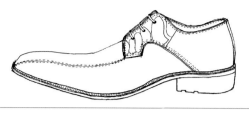

图3-48　破缝结构

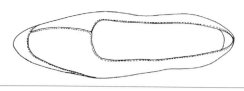

图3-49　不对称结构

（5）分解式结构　根据鞋的前后位置，横向上做分割线设计，比较典型的设计是三节头鞋。分解式鞋在结构上比较科学，可以减少由于足部弯曲而导致的帮面褶皱，横向线条的分割，让鞋看上去稳重大方（图3-50）。

（6）条带式　鞋帮由条带组合而成，一般与无头、无跟或侧空造型相结合。条带的数量可多可少、条带的宽窄可粗可细、条带间也可以任意组合（图3-51）。

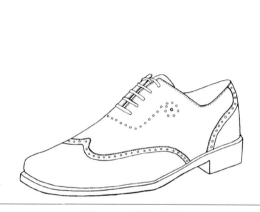

图3-50　分解式结构

图3-51　条带式

（7）编织式　帮面由绳线、皮革等编织而成，编织的方法多样，大致可分为经纬编织和钩针编织（图3-52）。

（8）网面式　鞋帮呈网状的一种形式，一般用网状织物做帮，如纱网、蕾丝等材料。这类鞋帮花纹变化丰富，装饰性强（图3-53）。

（9）镂空式　在鞋帮上镂空形成图案，镂空的多少可根据鞋的风格而定。镂空大致分为版镂空式和全镂空式（图3-54）。

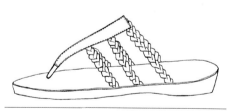

图3-52　编织式

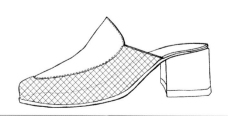

图3-53　网面式

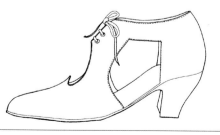

图3-54　镂空式

后帮在外观上没有前帮显露的那么突出，在穿用时也很少被人关注，但是为了整体造型上的协调，后帮需要配合前帮的造型和鞋子风格进行设计，如包跟设计、保险皮设计、后帮中缝外露等（图3-55）。

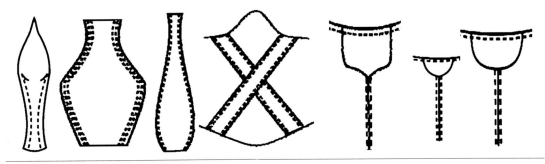

图3-55 后帮保险皮

5. 鞋筒设计

鞋穿在踝骨以上的部分叫鞋筒，按其高低可分为矮筒、中筒、高筒。中筒、高筒又称为靴，一般为秋冬季穿用。鞋筒的设计除了高矮的选择外，还可以根据流行设计鞋筒的宽窄及应用于鞋筒的面、辅料。

6. 装饰设计

用于鞋子的装饰手法很多，应用于鞋子上的装饰件主要包括金属、皮革、塑料、木质、象牙、羽毛、宝石等。其中金属装饰件光泽度高、醒目、加工细致、完美，装饰效果好；皮革装饰件通常会以皮花、皮条、编织等形式出现，其材质与面料一致，整体感强；塑料装饰件则主要依靠其绚丽的色彩、多变的造型及易于加工等优势在鞋的装饰设计中占有重要地位。宝石装饰件风格华丽、造型多变，也可与金属装饰结合使用（图3-56）。

图3-56 装饰设计

鞋子装饰设计的加工方法也是多种多样，包括缉线、压花、印花、拼接、编织、编结、缝制、镶嵌、刺绣、起皱、镂空等。

（1）缉线　通过不同的缉线方式对鞋的表面进行装饰。纱线可粗可细，可素可彩，可直可曲，可单线可双线，可有形可无形，合理运用，即可达到理想的装饰效果。

（2）压花　利用专业的压花模具，在皮革表面上压出各种花纹图案。压花工艺是皮革装饰的主要手法之一，皮革压花的纹理可以是动物的皮纹，如在牛皮上压出鳄鱼纹以增强皮革的立体感，也可以在皮革上压上一些抽象或具象的纹理。通过压花处理，既可以遮盖皮革上的瑕疵，又能增加皮革的花色品种。

（3）印花　印花是皮革图案常用的工艺手法，它利用染料、涂料等一些化工原料在皮革上制成图案，印花需要根据图案的形状制作网版，利用网版等图案的颜色和形状印在皮革上。印花工艺主要应用于女鞋设计，可以加工成不同风格，既能满足白领女性典雅大方、雍容华贵的需求，也能加工成个性明显、朝气蓬勃的图案。

（4）刺绣　在鞋的帮面、鞋跟、靴筒、鞋垫等部位进行刺绣，绣的内容根据设计需要可以是各种具象图案或是抽象图案。

（5）拼接　利用相同或不同的材料进行组合搭配，通过重新拼接产生新的花样图案。组合拼接的材料可以选择不同肌理、不同色彩的材质进行搭配。

（6）镂空　直接利用花形冲在帮面上凿孔，借助孔眼组合成具有审美意义的花形，同时能够达到透气、凉爽的效果。

（7）编织　利用皮条或绳带编织出各种图案，用来制作鞋帮部件，借助编织的特殊肌理效果，用来装饰鞋子外观。编织可以产生很多空隙，可增强鞋子的透气效果，所以条带编织常用于凉鞋设计。编织可以通过皮条、绳带的颜色、宽窄以及编织图案的变化来增强装饰效果。

（8）编结　编结是将面料裁成带状或片状进行编织，结穗或塑形，多为局部装饰。

（9）起皱　通过特殊的工艺手法，在帮面或部件的结合处做出褶皱效果，塑造出立体效果，使帮面富有动感。

（10）镶嵌　镶嵌一方面指标牌、宝石等镶嵌在鞋的表面的装饰方法，另一方面指镶嵌在鞋面料与里料之间使鞋表面发生变化的方法，前者是夸张的，后者是含蓄的。

（11）悬缀装饰物　悬缀的装饰物包括不同材质的流苏、金属链、小绒球等，给人以轻松、富有活力之感。

（12）配装金属配件　金属配件在鞋上装饰比较常见，不同质地、不同颜色的金属配件都会带来不同的视觉感受，金属的光泽丰富了鞋的质感，配装得当可起到画龙点睛的作用。

（13）做旧　是利用水洗、砂洗、砂纸磨光、染色等手段对鞋进行装饰设计。做旧分为手工做旧、机械做旧、整体做旧和局部做旧。

鞋的装饰设计应当结合款式的需要，将实用性和装饰性结合起来，充分体现设计师的匠心独运。

二、鞋的色彩设计

色彩可以赋予鞋更加鲜明、醒目的视觉感受，提升鞋的附加值。设计师应当具备较强的色彩搭配和色彩协调能力，才能使设计出的鞋产生更大的艺术魅力。鞋的色彩设计应遵循一些原则与方法。

（1）统一与变化　为了使色彩称为鞋造型的一部分，使色彩的组合给人以美的感觉，这就要求颜色的组合能表现出统一的色调，给人以整体和谐的美感，比如鞋子的整体呈灰色调。但如果过分地强调这种统一感，往往会使鞋子的造型显得呆板，缺少变化。因此在配色的时候要适当活泼起来，达到变化的目的。例如，低纯度色为主配色时，鞋给人的感觉会很沉闷，设计时可以较大色彩的明度和色相差，使整体配色活泼一些。

（2）比例与均衡　不同的色彩在整体组合中所占面积比例大小、对整体配色效果有很大的影响。每种色彩在配色中所占的比例都要适当，要能清楚地分出主、次色调。例如，如果一款鞋由两种色彩组合而成，其中一种色彩的比例应该占绝对优势，也就是主色；而如果两色彩面积大小相当，鞋子看上去会产生很生硬、不高雅的感觉。只有控制好色彩的主次关系，才能组合出具有美感的配色，处理好色彩在明度、纯度、色相上的面积比例关系、位置排列关系，在视觉上才能达到一种均衡的状态。

（3）呼应　多种色彩组合时，让某种色彩在鞋表面重复出现，这种重复出现的色彩就与原彩产生呼应关系。呼应能强调色彩组合的协调感。比如一款鞋的主色是米色，而在围盖部位应用棕色花皮，为了达到整体和谐的美感，会将保险皮也采用棕色花皮制作，这样在视觉效果上就会产生一种前后呼应的美感。同样，在选择装饰配件的时候，也要注意色彩的呼应关系。

（4）鞋的配色要与鞋的风格及消费的审美需要相统一　鞋的整体造型是由材料、色彩、款式等综合因素构成的，当鞋的整体风格被确定后，色彩的搭配就要考虑为整体造型服务，要跟设计的风格相统一，色彩要服务于整体造型。比如用粉色表现女鞋的温馨浪漫，用黑色或棕色体现男鞋的成熟稳重；活泼风格的鞋配以高明度、纯度的色彩或对比强的色彩组合，庄重风格的鞋配以低明度、低纯度的色彩或对比弱的色彩组合。除此之外，为了满足消费者的审美要求及搭配不同服装色彩的要求，同一款鞋也可以设计出不同的色彩或色彩组合。

（5）要考虑鞋的材料和配色结合后表现出来的整体效果　鞋的色彩效果要受到材料外观特征及材料加工技术的限制。比如皮革的纹理因动物的种类和加工处理的方式不同而有所变化，有些表面粗糙，有些表面光滑，有些表面亮度高，有些表面则比较暗淡，在进行配色时，要充分将材料的这些影响因素考虑进去，即使是同一种色彩，通过不同的材质也可以呈现出不同的效果。比如同样是黑色，在绒面革上给人一种厚重、暗淡的感觉，但在漆皮上则显得高贵、细腻、引人注目。这些都是在做配色设计中不能忽略的问题。

三、鞋的材料应用

鞋的材料的选择直接影响鞋子的设计效果，材料也是鞋的载体。应用于鞋的材料主要包括：皮革（牛皮、羊皮、猪皮等）、纺织面料及其他一些人工合成面料。在设计时，选料一定要先考虑质地，比如硬还是软、薄还是厚、粗糙还是光滑、是否透明等；要考虑功能性，比如是否透气、是否凉爽、是否保暖等；还要考虑风格，比如浪漫的、狂野的、优雅的、另类的等。只有熟悉材料才会有好的设计。

第三节　鞋的设计与制作工艺

一、鞋的制作要点

鞋的设计与制作都要以鞋楦为依据。

1. 测量

脚的测量包括六个围度、九个长度和一个脚长、脚型轮廓线。

脚长是指用脚卡尺测量的脚趾端点至后跟凸点的距离。脚底轮廓线的测量方法有很多，可以在两层白纸间放入复印纸，脚踩在上面不动，用铅笔削平的一边或扁平的竹制笔垂直贴在脚周边轮廓上描画一周得到轮廓线（在描画时铅笔不要离开脚边缘，也不要挤压脚皮肤）。鞋楦底的样长就来源于脚长，从图3-57中可以看到：AB的长度是楦底样长，A_1A_0的长度是脚长，楦底样长要大于脚长。其中AA_1的长度是放余量，BA_0的长度是后容差。脚在行走时，总会有一定的前后变化量，所以在脚的前端要有放余量，这样鞋才不会顶脚磨脚。后容差表现在楦的后跟弧上，在楦底样上是看不到的，后容差的存在可以使鞋的后帮很好地包容脚的后跟。因此，楦底样长＝脚长＋放余量－后容差。另外，从宽度上讲，为了使鞋既不挤脚又要跟脚，楦底宽度要取在脚印线与轮廓线之间。

　　由于鞋的种类不同，需要测量的脚型部位也有所不同。如图3-58所示，对无筒的鞋，只需要测量a、b、4、5、6、7、8、9等几个部位；对于矮帮鞋，只需要测量a、b、c、d、3、4、5、6、7、8、9等几个部位；对于高筒靴，则需要测量图中所有部位。

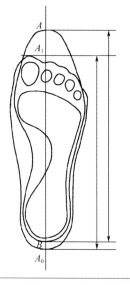

图3-57　测量

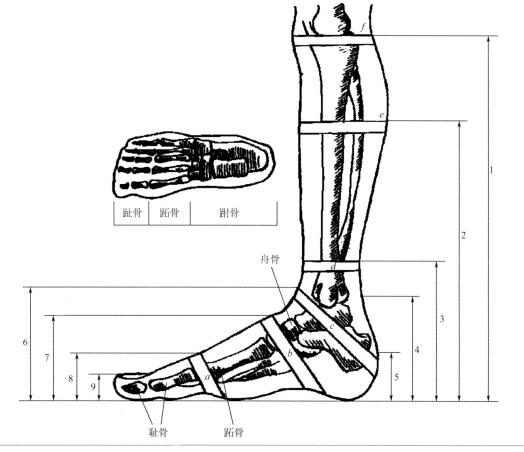

图3-58　测　量

围度：a—跖围；b—跗围；c—兜围；d—脚腕围；e—腿肚围；f—膝下围
长度：1—膝下高度；2—腿肚高度；3—脚腕高度；4—外踝骨高度；5—后跟突点高度；
6—舟上弯点高度；7—前跗骨高度；8—第一跖骨关节高度；9—拇指高度

拇指高度是指大拇指的高度。测量时，拇指踏地不能用力，也不能翘起。该数值可作为设计鞋楦头部厚度时的参考。

2．制作流程

鞋的制作流程大致如下：

① 在鞋楦上设计：即依据设计好的款式在鞋楦上画好鞋帮。

② 制作鞋帮纸样：鞋的纸样制作，使用立体裁剪的方法。将纸贴于鞋楦上，伏贴后按设计好的造型复制，取下加上松量便得到鞋的纸样，然后用制鞋的材料依纸样裁剪。

③ 定型：将裁好的鞋片缝合，覆于鞋楦上与鞋底一起加以压合定型，然后装订鞋跟。

二、范例分析

范例1　女式侧开口明橡筋皮鞋

（1）款式结构设计（图3-59）　明橡筋鞋的橡筋被完全暴露出来，不仅有开闭功能，还有一种装饰作用，设计时要从美观的角度出发，先确定橡筋的位置。

基本样板如图3-60所示。橡筋上要有接帮的规矩点。虚线为开料样板的加工量。

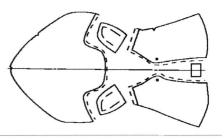

图3-59　款式结构设计　　　　　　　　　　　图3-60　基本样板

（2）制作工艺（图3-61）

① 帮部件加工　把裁剪好的皮革，通过工艺手段使其连接、组装成整体的操作为帮部件加工。主要用机器缝制，依照设计把各部分零件按成型做成鞋帮，在缝头粘贴防裂牵条。另外，机缝装饰或花眼装饰、锁眼等必要的部位是在革平伏的状态下进行的。帮革面缝好后，用同样的要领缝制帮革里。

上革里是为了穿着舒适，同样可减少鞋帮的延伸性，有定型及增强帮面牢固程度的作用。其次是鞋帮面和鞋帮里黏合后机器缝合。

② 钉中底　在鞋楦的底面把鞋的支柱中底用钉子暂时固定。理想的中底是同人的脚底有相同弧线的感觉，一边整形使大小、形体、跷度（在平面样板中加入一个空间角，该平面样板在镶接中就变成一种曲面状态，这个角度就叫作跷度）符合楦体，一边将中底扣伏钉牢在鞋楦上。

③ 装主跟、内包头　鞋帮后跟部的帮面和帮里之间装入主跟，前帮尖部的帮里与帮面之间装入内包头，这是下一步绷帮前的准备。

④ 绷帮　在装订中底的鞋楦上，把装好主跟、内包头的鞋帮包上，注意位置不能移动，同时充分地拉伸底部的周边。然后，把紧贴着鞋楦上的帮底部周边用小钉子临时固定，这就称为绷帮，可按前尖、后跟、再横向的顺序绷帮，使帮体紧伏鞋楦，帮脚紧贴楦棱和底。

⑤ 帮革底面起毛　在黏合外底的时候，为了使黏合剂充分地发挥作用，应让帮革底面起毛。

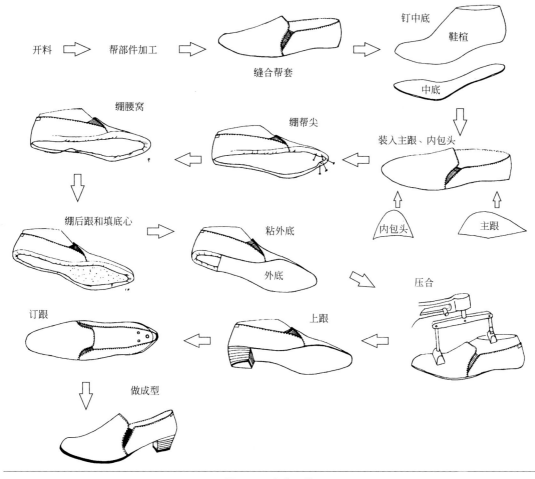

图3-61 制作工艺

⑥ 填底心（勾心）　填底心（勾心）大多数是加入表底的，别处也有。这里是在中底的脚心部分加入的。要使底面平，应在绑脚和有高度差的底面中央部加入海绵或玻璃纤维等填料。

⑦ 粘表底　在帮脚、表底上涂上黏合剂，经一定的时间之后，坚固地黏合，在压合机上压合20h以上。然后将鞋楦从鞋腔中拔出，装订鞋跟，鞋就制作完成了。然后粘鞋垫、烫蜡擦光等仔细地制作成型，依照设计造型、尺寸的区别装入鞋盒，成品鞋也就完成了。

范例2　男式二节头鞋

男式二节头鞋的款式结构设计如图3-62所示。

男式二节头鞋的基本样板如图3-63所示，基本样板上要有加工点，包括中点位置、鞋眼的位置、假线的位置、接帮的位置等。底扣轮廓要有里外怀区别，在里怀一侧打出剪口标记。鞋舌、保险皮等小部件一般要包括回折量、压茬量等加工量。如图3-63所示，前帮上口门有中点位置标记、里怀一侧的剪口标记，前尖底口也有中点标记；后帮上有鞋眼位、假线的标记；鞋舌上有压茬量标记；保险皮上有折回量标记。

图3-62　男式二节头鞋款式结构设计

准备开料的样板上应该包括最大限度的加工量（图3-64），例如压茬量、折边量、合缝量、翻缝量等。加放何种加工量，要根据设计要求来决定。常用的加工量如下。

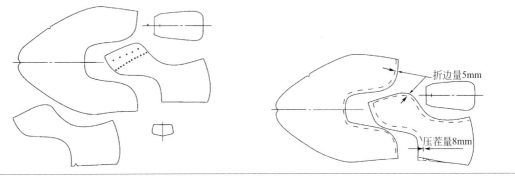

图3-63　男式二节头鞋的基本样板　　　　　图3-64　开料样板

折边量：一般材料取4.5～5mm；薄料取4～4.5mm；厚料或加厚部位取6～7mm。

压茬量：一般加放8～9mm。

后弧中线采用皮料时，合缝边距1～1.2mm，不用加放合缝量；采用人工革等材料时，为了防止开绽，要加放3mm的合缝量，合缝边距是3mm。

其他部位合缝时要加放1～1.5的合缝量，合缝边距1～1.5mm。

鞋口翻缝时，缝合边距3～4mm，要加放3～4mm的翻折量。

第四节　项目教学实训

实训　完成围条围盖式女鞋的制作

围条围盖式女鞋如图3-65所示。

围条围盖式人造革女鞋主要制作步骤：

（1）开料　如图3-66所示。

（2）用打薄机将革边缘打薄　如图3-67所示。

（3）利用模具绘制缝纫辅助线　如图3-68所示。

（4）帮部件加工及缝合帮套　如图3-69所示、图3-70所示。

（5）将中底钉到鞋楦上　如图3-71所示。

（6）装入主跟、内包头　如图3-72所示。

（7）绷鞋帮　如图3-73所示。

（8）粘人底　如图3-74所示。

（9）加工鞋里　如图3-75所示。

（10）成品　如图3-76所示。

图3-65　围条围盖式女鞋

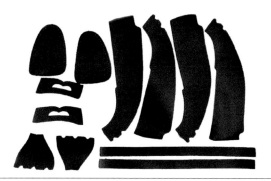

图3-66 开料

图3-67 打薄

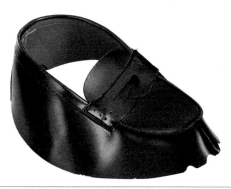

图3-69 帮部件加工

图3-68 绘制缝纫辅助线

图3-70 缝合帮套

图3-71 中底钉鞋楦上

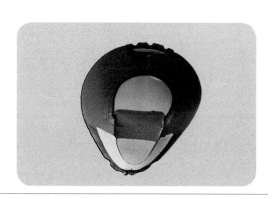

图3-72 装入主跟、内包头

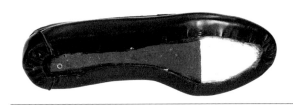

图3-73　绷鞋帮

图3-74　粘大底

图3-75　加工鞋里

图3-76　成品

课后习题

1. 自命主题，设计男式皮鞋、女式高跟鞋各一款，风格不限。

2. 设计并制作一双女式凉鞋模型。

学生作品

由于设备和条件有限，在教学过程中要求学生按照基本程序进行概念鞋模型的设计与制作。学生可以利用市场上能购买到的鞋跟和中底以及其他材料进行创作。此外可以利用卡纸、纺织面料、塑料等代替一些制鞋材料。图3-77～图3-82为学生作品。

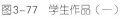

图3-77　学生作品（一）

图3-78　学生作品（二）

图3-79 学生作品（三）　　　　　　　　　图3-80 学生作品（四）

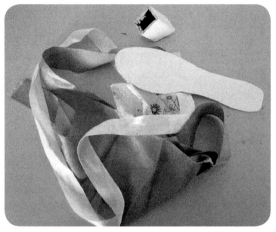 

① 准备工具：面料、丝带、彩色纸巾、中底、自制鞋跟、胶等　　② 制作不对称鞋帮及鞋底

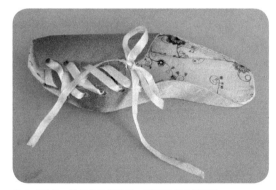 

③ 完成鞋帮，用丝带代替鞋带，用彩色纸巾铺鞋里　　④ 作品完成，浪漫风格的后空式凉鞋

图3-81 学生张雪玲作品

应用材料：卡纸、丝带、绳带、铆钉、鞋跟、中底、胶、亮片等。

设计要点：立体花配以编织式鞋帮、创意鞋跟。

应用材料：皮革面料、苯板、鞋跟、中底、胶等。

设计要点：流苏式鞋筒、高跟配以厚平台。

应用材料：帆布、绳带、鞋跟、中底、胶、亮片、卡纸等。

设计要点：编织式鞋帮。

应用材料：棉布、蕾丝、缎带、鞋跟、中底、胶、亮片、卡纸等。

设计要点：棉布拼接及棉布与蕾丝拼接鞋帮。

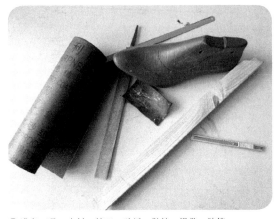

① 准备工具：木材、锉刀、砂纸、鞋楦、绳带、胶等

② 根据鞋的整体设计分解制作，利用锉刀将每部分打磨出想要的造型

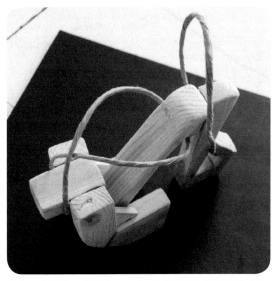

③ 将各部分用502胶黏合在一起，完成了这只极具创意的木质凉鞋

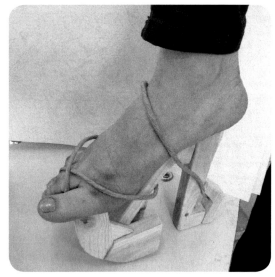

④ 穿于脚上的效果

图3-82　学生杨乐作品

第四章

帽子的设计与制作

古代人们将帽子称为"冠",我国被誉为"衣冠之国"。帽子是服饰文化中等级制度最严明,职业特征最明显的配件。在现代生活中,帽子不仅为了保暖、遮阳、防护,更多是为了整体形象的完美,起到装饰美观的作用。

帽子是围绕于人体的头部的饰物,具有遮阳、装饰、保暖和防护等作用。帽子自古名目繁多,随着时代和用途不同其名称也有所变化。

第一节 帽子基础

一、帽子的种类

1. 按用途分

在日常生活中,帽子扮演着不同的角色;夏天为遮蔽炎炎的烈日,遮阳帽成为主角;冬日人们为驱走严寒而戴风雪帽;从事危险工作要佩戴安全帽;雨天有雨帽;游泳戴泳帽;睡觉有睡帽;工作有工作帽;消防员有防火帽;宇航员戴宇航帽;防尘帽、礼帽、潜水帽、赛车帽、棒球帽、高尔夫球帽、登山帽、博士帽等都各有其特殊功用(图4-1~图4-3)。

图4-1 防尘帽

图4-2 高尔夫球帽

图4-3 礼帽

2. 按使用对象和式样分

有一些帽子是根据其特定身份来使用的,常见的有性别与年龄的区分,如男帽、女帽、童帽;标识特殊的一类人群,如博士帽只有取得博士学位的学子在授予学位时才可以佩戴;警察帽上的警徽是国家、法律和秩序的象征,是警服的一部分;而情侣帽、牛仔帽、水手帽、军帽、职业帽等则由其式样特征而分类(图4-4、图4-5)。

3. 按制作材料分

帽子制作使用的材料有很多,而皮帽、毡帽、毛呢帽、长毛线帽、绒绒帽、草帽、竹斗笠等比较常见(图4-6~图4-9)。

图4-4　儿童帽　　　　　　　　　　　　　图4-5　老年帽

图4-6　皮帽　　　　　　　　　　　　　图4-7　毡帽

图4-8　绒绒帽　　　　　　　　　　　　图4-9　草帽

4. 按款式特点分

　　帽子的款式造型有很多种，概括起来可以分为有檐帽，如鸭舌帽、前进帽、运动帽、牛仔帽、凉帽、水兵帽、钟形帽等，还可以分无檐帽，如贝雷帽、八角帽、瓜皮帽、豆蔻帽、虎头帽等（图4-10～图4-13）。

图4-10 鸭舌帽

图4-12 钟形帽

图4-11 运动帽

图4-13 八角帽

二、帽子的作用

1. 保暖防寒

在寒冷的冬天，头部和人体的其他部位一样，也需要保暖防寒。研究发现，静止状态下人的头部如果在不戴帽子且环境气温在15℃时，散失的热量占人体总热量的30%，4℃时散失总热量的60%。如果头部受寒，就会诱发一些疾病如脑血管收缩、头昏、头痛，或者引起头皮营养循环障碍和毛囊代谢功能紊乱，从而导致头发的营养失衡或大量的头发非自然脱落等。据研究，戴帽子可以使人的体温提高3℃左右。

2. 防尘防污染

在风沙尘土大和污染严重的地区，头发往往成为微生物和灰尘栖息的场所，可能会导致头皮滋生细菌，甚而引起毛囊感染，直接影响头发的生存环境和生长质量。在平日梳头时梳子和头发及发丝之间的摩擦力，会造成头发表面的毛屑皮翘起，头发表面会变得毛糙，严重时还会导致头发开叉、易断等。戴帽子可以有效阻挡灰尘和微生物的侵袭。

3. 防晒防辐射

在夏天阳光会晒热头皮、头发，加快出油、出汗的速度，使头发发痒。而且强烈紫外线的伤害，会使头发失去原有的水分和营养，导致头发被晒黄，为了避免头发被阳光暴晒并不使它褪色，选一顶款式和颜色与服装相匹配的帽子，是一个既时尚又实用的高明办法。

4. 约束头发减少打理

在快节奏的生活工作中，人们没有更多时间打理头发时，戴上一顶帽子"遮丑"，大可省去造型带给头发增加的负担。

5. 装饰作用

帽子在服装搭配中起到非常重要的作用，它不但使服装的外观形象更为整体美观，还能通过其造型、色彩、材质等完美结合来弥补服装造型上的不足，如艳丽装饰性设计、造型夸张的生动性设计以及乖巧纤细的灵动形设计等，都将为衬托服装气氛，表现着装者的个性起到举足轻重的美化装饰作用。

三、帽子与人及服装的关系

帽子在佩戴的过程中要充分考虑着装者的脸型、肤色、体型、服装及配饰等整体关系，同时还要注意到生活习惯和职业特点、民族传统等。

1. 帽子与脸型

人的脸型有蛋型、圆型、方型和国字型等之分。鹅蛋脸具有相当完美的线条，轮廓弧度平顺，比例工整，脸颊也没有棱角，符合戴任何帽子的条件。方型脸和国字型的脸，有棱有角，面颊宽度较宽，修饰重点以柔化脸部刚硬的线条与角度为主，选择帽子相对比较容易，最佳的选择是帽型不紧贴、布料柔和、较宽帽檐的特色帽型；圆脸、胖脸具有丰润的圆型线条，带点稚气，缺乏线条的立体感。首选平顶型帽子，帽边最好富有线条感，帽边的宽度适宜在 7 ～ 10cm 之间的帽型，达到对脸型线条加以修饰的功能，形成修长感。如果再辅以饰品的搭配，能够让视觉上产生丰富性，就不会将视线焦点集中，放大圆脸线条。其次，这种脸型还适宜戴宽大的鸭舌帽，鸭舌帽的帽檐与帽体一体成型的直线延伸，因此利用这个条件来加长圆形脸短而宽的线条，以更达到修饰的效果。再次，如果选择松垮的帽子就会适当地遮挡圆圆的脸蛋，也可以起到修饰脸型的作用。反过来，空心帽、军帽、绅士帽、圆顶帽反而会更突显出圆脸脸颊的宽度，显得脸部更大。因此不建议选择线条、风格太过中性的帽款。而三角形脸下巴比较尖，所以高帽冠或短而不对称的帽檐就非常适合，让人忽略尖尖的下巴。

总之，戴帽子一定要与脸型搭配，才能体现出匀称的美感。

2. 帽子与肤色

肤色红润的人，选择帽子的色彩范围较广，能够与很多色彩协调，但是不要戴太红的帽子；黄皮肤的人不宜戴黄、绿色的帽子，但若把深茶色、紫莲、蟹青、米灰等色的帽子与服装适当配合起来，也可取得较好的效果。灰白肤色的人，适合用纯度不高的中间色，如玉白、石绿、浅蓝、褐色、淡紫色等，不要选择华丽的颜色。白色皮肤的人，帽子适用的色彩也比较多，但由于白皮肤容易给人柔弱感，所以选帽子时，应避免选择白色或接近白色的颜色，皮肤黝黑的人在选用鲜艳色彩的帽子的时候，要注意着装的整体效果。

3. 帽子与体型

帽子的戴法很有讲究，一顶端正地戴在头上的帽子使脸看起来较丰满，脸庞非常瘦削的人应选择这种佩戴方式，横向的角度会使你的脸和下巴显得较宽。斜戴的帽子形成一条斜线会使脸显得较细长，适合脸部较宽的人选择。

身材高大者帽子宜大不宜小，否则会给人头轻脚重之感。身材瘦小者帽子宜小也不宜过大，否则会给人头重脚轻之感。体型矮小的女性不宜戴平顶宽檐帽，高挑的女性不宜戴高筒帽。娇小玲珑的女性则应避免戴平顶帽，这样会显得头重脚轻；身材肥胖的女性不要选择过于小气的帽子，这样会反衬得身体更庞大。脖子短的人不要选择色彩鲜艳的帽子；眉清目秀、身材窈窕的人可以选择色彩较艳或有浪漫花色的帽子。

4. 帽子与服装

帽子与时装相匹配应十分讲究。高档的毡呢法式女帽，配上西式服装和大衣，是非常浪漫又庄重的打扮。如果戴有浪漫羽毛的女帽配上中式旗袍就会失去旗袍的稳重大方感觉，同样身穿休闲装再戴一顶礼帽那就有不伦不类的滑稽感。

帽子的外型风格应与服装相配套才能产生珠联璧合之美。亮丽的衣服外体容易抢眼，选择一顶同色系的帽子，可以减弱服装带给人的刺激感。例如，以黑色或深蓝色的帽子与白色的服装来搭配或米白色、灰色、浅驼色等都可以达到以不变应万变的效果（图4-14、图4-15）。

图4-14　帽子与服装的同一色（一）　　　　图4-15　帽子与服装的同一色（二）

帽子的色彩应与服装的色彩相搭配。当服装采用素色时，帽子的色调可以确定在同类色或近似色，如果服装主面料以图案出现时，则要从主花色中提取一种色作为帽子色，不争不抢的帽子色彩才会达到衬托服装的作用。而帽子的色彩与服装色彩形成对比，则具有活泼、引人注目的功效（图4-16～图4-20）。

图4-16　帽子与服装的同类色（一）　　　　图4-17　帽子与服装的同类色（二）

图4-18　帽子与服装的同类色（三）　　　　　图4-19　帽子与服装的近似色（一）

图4-20　帽子与服装的近似色（二）　　　　　图4-21　色彩鲜艳的帽子

　　帽子色彩还要与围巾、手套、首饰、鞋子、包等相互配合，达到浑然一体的美感。同时材质的选用也很讲究，社交礼仪场合应选择材质高档、做工考究、装饰性强的帽子，室内场合可戴无檐帽，出席户外宴会的时候宜选择有帽檐的帽子，出席隆重的场合，如婚礼，就要戴装饰点缀较多的帽子。

　　日常生活中，帽子的选择可以随意一些，但必须考虑生活的场合。外出旅游的时候，可佩戴活泼随意的、色彩鲜艳的太阳帽或运动帽等；工作场合可佩戴与服装颜色协调、造型简洁的工装帽（图4-21～图4-23）。

　　风格各异的帽子给着装带来不一样的效果，更能凸显个性。选择帽子应扬长避短，既要自己戴得合适，又要使人看着美观。

图4-22　风格各异的帽子　　　　　　　图4-23　造型简洁的帽子

第二节　帽子的设计要素

一、帽子的款式设计

（1）帽顶的变化设计　帽子的顶部有平顶、圆顶、锥形以及尖角之分，帽檐有宽窄、有曲直，有上翘和下耷角度的不同变化。帽顶的变形范围非常广，可紧贴头部、可高耸入云、可蓬松塌陷或倾斜歪倒。帽子还有软硬之分，如针织绒线编结帽子，和丝缎、裘皮等制作的帽子都比较软，可根据需要调整和变化造型。而通过模压和黏合等工艺处理的呢料、塑胶、铁丝等材制较硬，具有可塑性强的特性（图4-24～图4-26）。

图4-24　圆顶帽　　　　　　　　　　图4-25　模压呢料帽

（2）帽檐设计　帽檐的设计空间较大，除了对其宽窄和倾斜度上做设计外，还可以对外边缘进行波浪的处理，在帽檐上做饰物的添加，既可以做多层叠压或做卷曲设计，也可以通过不对称变化来表现其个性一面（图4-27、图4-28）。

图4-26　针织编结帽　　　　　　　　　　图4-27　多层和卷曲的帽子

图4-28　帽身不对称设计

（3）帽身设计变化　这种设计注重外形的塑造和点、线、面的应用，通过不对称的表现增加视觉的冲击力，往往结合材料创造其肌理和形态的变化（图4-29、图4-30）。

（4）装饰性设计　帽子的装饰品也是帽子设计的一部分，是帽子造型的重要手段，恰到好处的装饰可以增加帽子的设计趣味，而且可以作为统一元素使帽子与服装的整体风格相协调。帽子装饰惯用的手段是在帽顶或帽围上添上绢花、鲜花、缎带、羽毛、花结等，也可以用别针、袢带、纽扣等，既可以起到固定某一部分的作用，同时又具有一定的装饰功能，此外，帽子上还经常使用绒线球、流苏或珠片坠等，甚至还会用更为异想天开的装饰手法（图4-31～图4-34）。

（5）帽子创意设计　设计原则偏离实用主义的形式美感，以荒诞非逻辑型的设计为主，常给人以荒谬、无理的视觉效果，而又使人们为其大胆创意折服（图4-35～图4-41）。

图4-29　帽檐饰物的添加

图4-30　结合材料创造帽子形态　　　图4-31　结合材料对帽身形态设计　　　图4-32　在帽围上添加羽毛

图4-33　在帽围上添加饰物　　　　图4-34　在帽顶添加饰物

图4-35　偏离实用主义的设计（一）　　　　　　图4-36　偏离实用主义的设计（二）

图4-37　偏离实用主义的设计（三）　　　　　　图4-38　荒诞非逻辑（一）

图4-39　荒诞非逻辑（二）

图4-40　荒诞非逻辑（三）　　　　　　图4-41　荒诞非逻辑（四）

二、帽子的材料应用

　　实际生活中常见的帽子材料有毛毡、面料、皮革、草、毛线、合成树脂等，范围非常广泛，不同的材质在设计的过程中会产生不同的效果。随着人们对不同帽子饰品的个性需求，对材料的优化要求也相应地增进，设计师就是不断地将人们这种需求作为设计目标，适时地推陈出新。当帽子款式趋于稳定时，色彩与材料的设计创新往往会给视觉带来更直接的冲击，一方面设计师可以通过新的技术手段对材料进行合理的利用，将材料、工艺、技法不断地翻新，使产品有千差万别之感，另一方面运用不同材料的并置获得新视觉的出现。

三、帽子的色彩设计

　　帽子色彩设计从某种意义上说更加重要，因为人对色彩的感官刺激要远远大于款式造型。无论是远观还是近看色彩首先夺其眼帘。我们在设计的过程中要正确把握帽子的色彩配置、整体服装色彩与人体肤色三者之间的搭配关系。

1. 实用主义色彩设计

　　在色彩设计中重视消费者的感受，把握实用性和舒适感，更要从服装的整体出发，考虑环境色彩的整体氛围进行设计（图4-42～图4-46）。

2. 超现实主义色彩设计

　　这种帽子往往借鉴舞台设计的风格，具有戏剧感与夸张感。简单的点缀上鲜艳的羽毛，舞动之中透着一丝的诱惑，美幻而绝伦（图4-47、图4-48）。

3. 叛逆的色彩设计

　　这类设计背弃了常规设计下对帽子色彩的理解，融入反叛的思维理念，设计思维更加延伸、扩张。表现为与众不同的色彩设计效果，或风趣或俏皮或朋克，以突出头顶上的这一抹风情为亮点（图4-49、图4-50）。

图4-42 帽子的实用主义色彩设计（一）

图4-43 帽子的实用主义色彩设计（二）

图4-44 帽子的实用主义色彩设计（三）

图4-45 强调帽子与服装的整体关系

图4-46 帽子的色彩考虑环境的整体氛围

图4-47　超现实主义色彩设计（一）　　　　图4-48　超现实主义色彩设计（二）

图4-49　戏剧感和夸张感（一）　　　　图4-50　戏剧感和夸张感（二）

第三节 帽子的结构设计

帽子造型设计是以人体头部为基础形态来进行的，其核心目的就是美化、保护戴帽者的面部形态，掩饰原有的不足，要实现这一切还要通过合理的结构设计和精准的工艺缝制才能完成最终的设计作品。

构成帽子设计的造型要素包括：颜色要素、材料要素和装饰等几个方面，其中最重要的是造型设计，帽子的造型与帽子的功能、人头的形状紧密相关，不管什么帽子，都要与人的头形相吻合，人的头形近似于球形，这就决定了帽子的基型是个半球形。

一、帽子基本结构

帽子按造型可分为水平帽和分瓣式舌帽两个大类（图4-51～图4-53）。

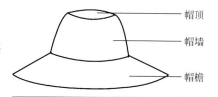

图4-51 水平帽子基本结构

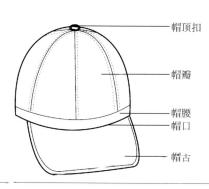

图4-52 分瓣式舌帽基本结构

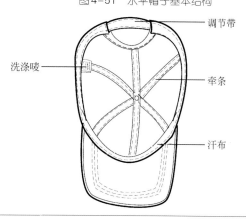

图4-53 帽子内部基本结构图

二、帽子头部测量方法

1. 帽围（HS）的测量

以前发际线为基准通过耳根上1cm处，经枕骨下缘围量一周所得围度量称为帽围，用HS表示（图4-54）。

2. 帽子前后长度测量（FBL）

从前发际线开始经头顶至后枕骨下缘的长度称为帽子前后长度，用FBL表示（图4-55）。

3. 帽子左右长度测量（RL）

经头顶量取两耳根上1cm处之间的距离称为帽子左右长度，用RL表示（图4-56）。

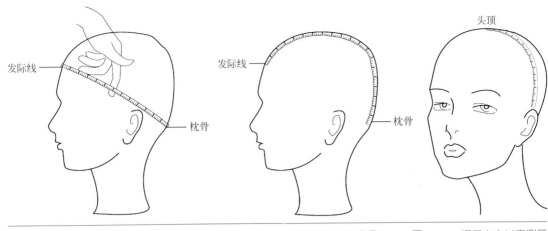

图4-54　帽围的测量　　　　图4-55　帽子前后长度测量　　　　图4-56　帽子左右长度测量

三、帽子结构设计原理

1. 分瓣帽子的帽身结构原理

分瓣帽就是常说的瓜皮帽，常见的运动帽、高尔夫球帽、女式圆顶帽等其帽身都采用这种结构形式，根据设计的需求可分为四瓣、五瓣、六瓣、八瓣等。

在进行结构设计时首先将头顶理解为一个360°整圆，根据分瓣的片数对圆进行分割，分瓣的数量越多帽顶越平，帽身也即饱满、圆润（图4-57、图4-58）。

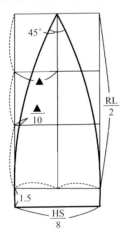

图4-57　八瓣帽身　　　　　　　　　　图4-58　六瓣帽身

2. 平顶帽檐结构设计原理

这种帽型一般以遮阳防护为主，常见的有男女礼帽、太阳帽等，结构分为帽顶、帽墙和帽檐，其变化常见于帽檐的宽窄及帽檐的倾斜角度不同，也会有帽墙的装饰设计。如图4-59、图4-60所示，帽檐的宽窄设计与倾斜角度有关，倾斜角度越大其帽檐越窄，反之倾斜角度越小其帽檐才可以放大，其原则是以人的正常平视情况下不影响视线为准则。

从图4-60帽围与帽檐斜度的关系中可以发现，帽围越高其帽檐的斜度也大。

3. 帽子结构制图范例

（1）女式水平帽结构制图

① 款式分析　水平帽也叫盆帽，帽檐宽大，适合于女士盛夏时节户外戴，面料可采用

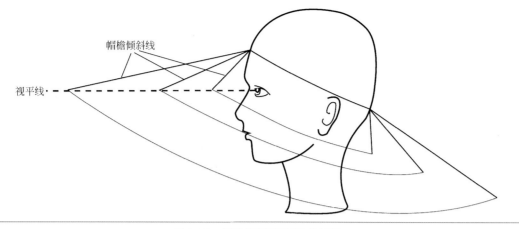

图4-59　帽檐斜度与其宽度的关系

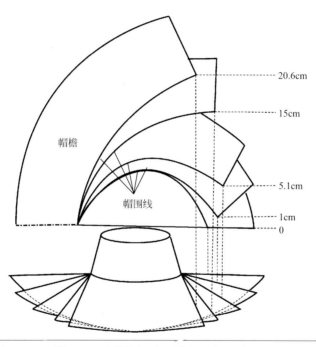

图4-60　六瓣帽身、帽围线与帽檐斜度关系

棉、麻、化纤等薄透、硬挺皆可的材质。帽檐边缘缉缝中以钢丝或铁丝穿撑，帽腰部分以绸缎或花布作装饰（图4-61）。

②制图要点　女式水平帽的结构由帽顶、帽身、帽檐三部分组成，帽檐不设斜度，为水平状态。一般情况下对帽顶的结构制图不分左右或前后，但由于人体头顶结构呈现前小后大的椭圆形，在有设计要求时可以做适当的变化。制图时帽围加放2cm作为制作汗条吃量（图4-62～图4-64）。

（2）女式八瓣贝雷帽结构制图

①款式分析　八瓣贝雷帽舍弃了帽檐，佩戴时向后或向右偏塌，很适合于女士秋冬时节户外戴，面料可采用毛呢、毛纤混纺等中厚的材质（图4-65）。

②制图要点　女式八瓣贝雷帽结构相对简单，一般情况下不分前后左右，制图时帽围加放2cm作为制作汗条吃量（图4-66）。

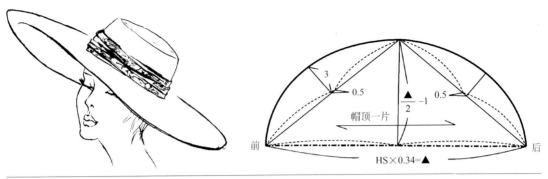

图4-61 女式水平帽款式图

图4-62 帽顶结构制图

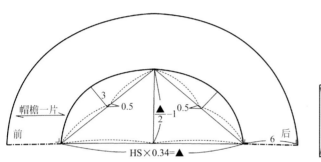

图4-63 帽檐结构设计

图4-64 帽身结构制图

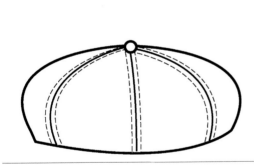

图4-65 女式八瓣贝雷帽款式图

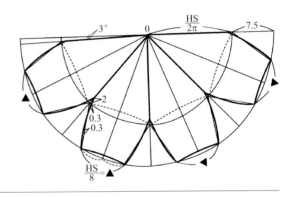

图4-66 女式八瓣贝雷帽帽身结构制图

（3）两片结构贝雷帽

① 款式分析　两片结构贝雷帽扁平无檐，帽顶宽大且平坦，男女秋冬时节户外均可戴用，面料可采用毛呢、毛纤混纺等中厚的材质（图4-67）。

② 制图要点　两片贝雷帽不分前后左右。结构制图时要求结合工艺造型来进行加放处理，一般情况帽顶围度小于帽身围度，帽围的制图也要加放2cm作为制作时汗条的吃量（图4-68）。

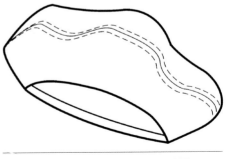

图4-67 两片结构贝雷帽款式图

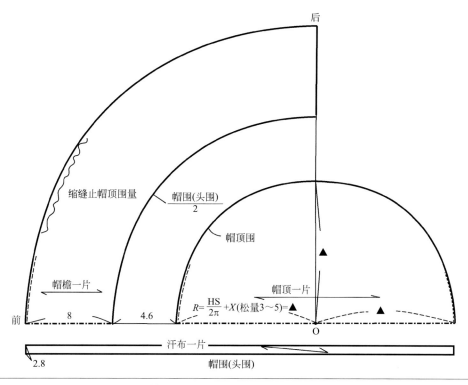

图4-68 两片结构贝雷帽结构制图

（4）女士时尚帽

① 款式分析　帽舌较低且宽大，帽身与帽顶连为一体，由四片帽身结构拼合，为时下女士秋冬季戴用，面料可采用毛呢、粗纺格呢、混纺等中厚的织物（图4-69）。

② 制图要点　结构上较复杂，帽舌的内口深度及宽度的尺寸设定决定了其下弯的弧度与斜度，且帽身中片的前后长度影响着帽身结构造型，同时制图时要求结合工艺造型来进行加放处理，帽围的制图也要加放2cm作为制作时汗条的吃量（图4-70～图4-72）。

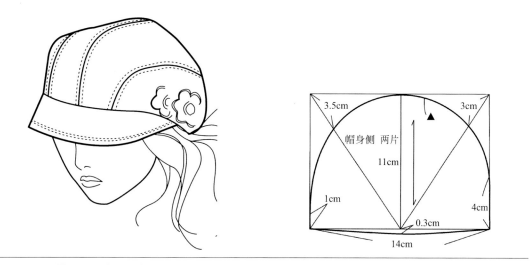

图4-69 女士时尚帽款式图　　　　　图4-70 帽身侧片结构制图

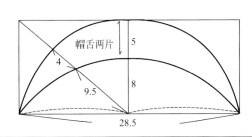

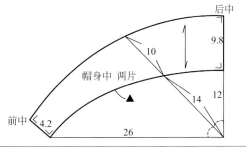

图4-71 帽舌片结构制图　　　　　　　图4-72 帽身中片结构制图

（5）女士休闲软帽

① 款式分析　此款帽型由帽舌、帽顶、帽墙组成，帽墙宽松柔软，侧缝含带抽缩，适合与休闲装搭配，可在入秋时节戴用，面料可采用毛法兰绒、细格呢、混纺等中厚的织物（图4-73）。

② 制图要点　帽舌的内口深度及宽度的尺寸设定决定了其下弯的弧度与斜度，且帽墙的高度对于造型有直接的影响，根据造型要求可以对帽围做适当加放（图4-74、图4-75）。

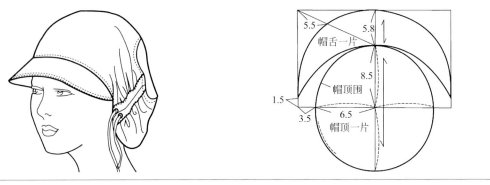

图4-73 女士休闲软帽款式图　　　　　图4-74 帽舌、帽顶结构制图

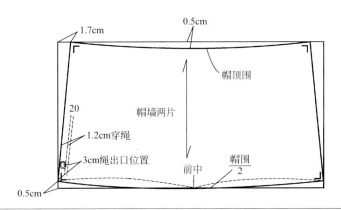

图4-75 帽墙结构制图

（6）鸭舌帽结构制图

① 款式分析　鸭舌帽因其形似鸭舌而得名，其造型侧看呈前尖后圆、前低后高状态，帽顶部较平，前由暗扣与帽舌相合，最初为男士专用，现被入时的女士所青睐。可选用的面料很多，面料不同制作表现出来的风格也有所不同（图4-76）。

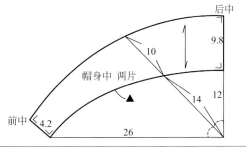

② 制图要点　鸭舌帽舌的结构制图复杂，内口深度及宽度的尺寸设定，决定了与其帽顶的吻合度，根据造型要求可以对帽顶做分割处理（图4-77）。

（7）运动帽结构制图

① 款式分析　其帽身分瓣出现（也有前两片相连的造型），帽顶呈现半球状，帽檐如同鸭舌型，多为男士用，现也有女士追捧。可选用的面料很多，面料不同制作表现出来的风格也有所不同（图4-78）。

② 制图要点　运动帽身的结构制图根据分瓣的多少将帽顶、帽围进行360°的分割，帽舌的宽窄可做设计调整，其弯度与斜度可以通过对内口深度及宽度的尺寸设定来变化（图4-79～图4-81）。

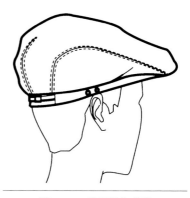

图4-76　鸭舌帽款式图

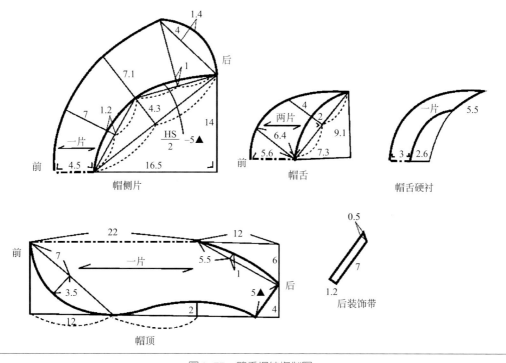

图4-77　鸭舌帽结构制图

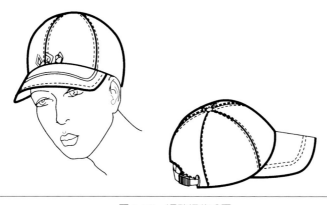

图4-78　运动帽款式图

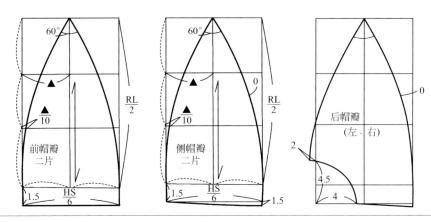

图4-79　三片帽瓣结构制图

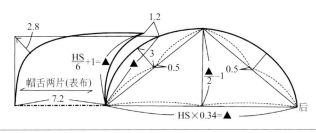

图4-80　帽舌结构制图

图4-81　后调节带结构制图

第四节　帽子工艺制作范例

构成帽子结构的材料包括：面料、里料、汗布条、牵条、斜布条、帽盖（用一般的塑料板）、线、调节扣或环、装饰品、商标、标牌、饰带等。

范例1　水平帽制作实例

水平帽外观工艺如图4-82所示。

1.结构片的缝份加放

水平帽在制作时根据材料的不同进行缝份的加放，一般面料需在净版的基础上要加放0.5～0.7cm制作缝份，较厚或易脱丝的织物则要适当地增加其缝份量（图4-83～图4-85）。

2.水平帽缝制工艺

水平帽在制作之前首先要准备辅料，其中里子、有纺硬衬、汗条（汗布条、汗口）等是必须准备的材料，如果不挂里子还要准备包缝斜丝条。

（1）帽檐的制作（图4-86）。

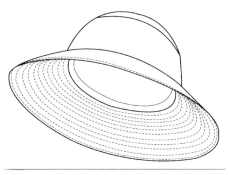

图4-82　水平帽外观工艺

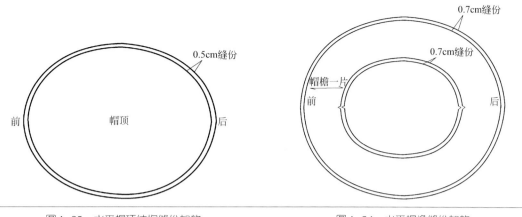

图4-83 水平帽顶结构缝份加放　　　　图4-84 水平帽檐缝份加放

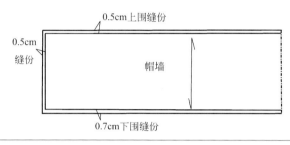

图4-85 水平帽墙缝份加放

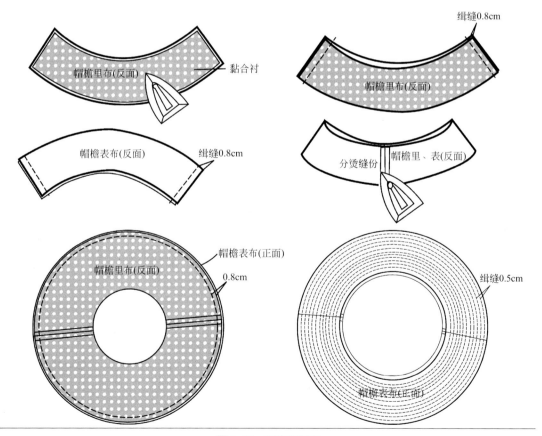

图4-86 帽檐的制作

（2）帽墙的制作（图4-87） 帽墙的缝制包括帽表面和帽里子的缝合。

（3）帽墙与帽顶制作（图4-88） 帽墙与帽顶的缝制包括表面和里子的缝合。由于帽顶围度比帽墙围度大0.5cm，所以在此注意帽顶的吃量。缝份不需劈缝处理，倒向外侧即可。

（4）帽墙与帽檐制作（图4-89） 帽墙表面和帽里子与帽檐一起缝合。由于帽墙围度比帽檐内口围度大0.5cm，所以在此注意帽墙顶的吃量。

（5）汗布条的缝制（图4-90） 水平帽汗布条一般是头围的净尺寸，要比帽围小0.5～0.7cm，缝制时汗条要拉紧，最后封口，整熨。

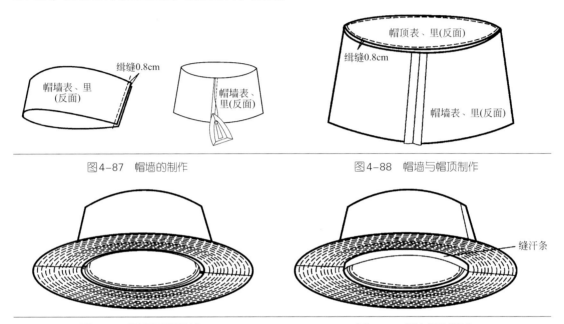

图4-87 帽墙的制作　　　　　　　　　　　图4-88 帽墙与帽顶制作

图4-89 帽墙与帽檐制作　　　　　　　　　图4-90 汗布条的缝制

范例2　完成运动帽的制作

运动帽外观工艺如图4-91所示。

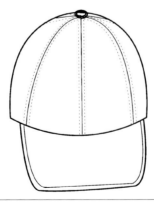

图4-91 运动帽外观工艺

1. 结构片的缝份加放

运动帽在制作时根据材料的不同进行缝份的加放，一般面料需在净版的基础上加放0.5～0.7cm制作缝份，较厚、易脱丝的织物则要适当地增加其缝份量（图4-92、图4-93）。

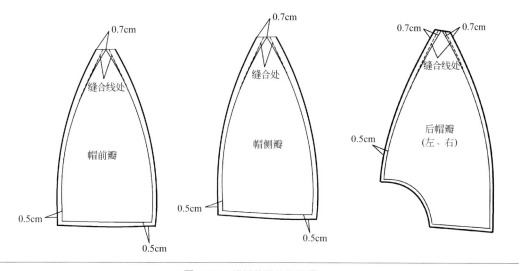

图4-92　帽瓣的缝份加放量

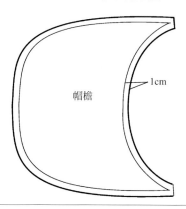

图4-93　帽檐的缝份加放量

2. 运动帽缝制工艺

运动帽在制作前要准备辅料，其中牵条、帽檐硬衬、汗条（汗布条、汗口）等是必须准备的材料。

（1）帽檐的制作工艺（图4-94）。

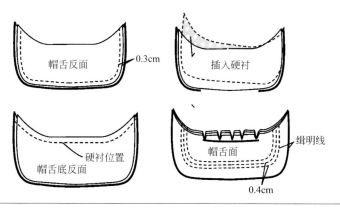

图4-94　帽檐的制作工艺

（2）帽瓣的制作工艺（图4-95）。

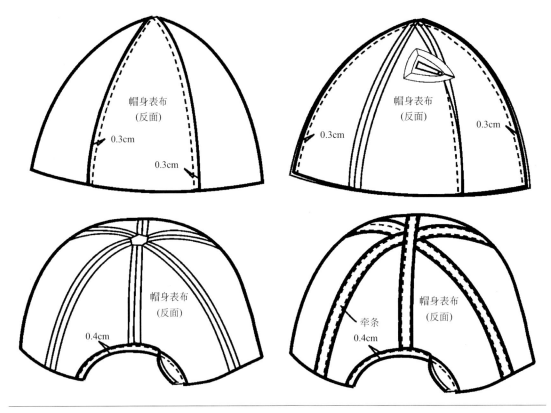

图4-95　帽瓣的制作工艺

（3）帽檐、汗布条、后调节带缝合工艺（图4-96）。

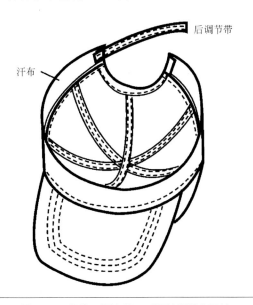

图4-96　帽檐、汗布条、后调节带缝合工艺

（4）整理熨烫、缝帽顶扣。

第五节　项目教学实训

实训　棉礼帽的制作

礼帽制作一般分为选料、排板、裁剪、缝制、熨烫定型、检验、包装等工序。本节以一款简单棉礼帽制作为例，重点讲解礼帽的几个加工工艺步骤，如图4-97、图4-98所示。

图4-97　棉礼帽外观

图4-98　棉礼帽背部

1. 选料

依据不同礼帽的款式与风格选用适合制作的面料、里料，本范例采用毛质法兰绒做面料（如图4-99），绗缝里子做里料（如图4-100）。辅助材料主要是指用于两层帽檐之间的有纺黏合衬或硬衬等，这种辅助材料或粘或夹在帽檐里边，对帽檐具有良好的定型作用，它在帽类产品生产过程中，运用非常广泛，也叫作"檐芯"，除此还有汗布条（也叫帽口带、汗口等等），是起遮挡帽墙与帽檐缝份外露以及内衬作用。喷胶棉芯主要是由于款式表面肌理效果需要而使用的材料，有保暖作用（如图4-101）。

图4-99　面料

图4-100　里料

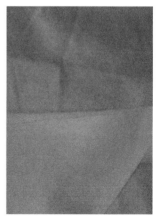

图4-101　喷胶棉芯

2. 排版

通常情况下帽子缝份一般设计为0.5cm或0.7cm，在与面料或里料同幅宽的排板纸上按纱向要求排版，通常礼帽样板分为帽墙样版、帽檐样版、帽顶样版等，在不影响走刀的情况下，采用紧排密排的原则，以减少损耗。本范例棉礼帽面料部分采用绗缝工艺，因此面料绗缝部位的裁片都需要在放缝份的基础上再放大1cm左右的毛份量，以满足绗缝时的吃量。

3. 裁剪

在面料与辅料排划完成后，紧接着要对面辅料进行裁剪，裁剪工作完成后，就可以对这些裁片进行验片，再进入缝纫车间完成"缝制"工序，如图4-102、图4-103所示。

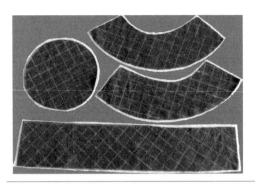

图4-102　面料裁片　　　　　　　　　　　　　图4-103　里料裁片

4. 缝制

缝制是帽子制作工艺的重要的工序，需要的机器设备有普通高速平缝机、高头缝纫机、定型熨烫机等。在缝制工作中，通常会选用与礼帽的面料、里料颜色统一的涤纶线或涤棉线来进行缝制。

缝制步骤如下。

（1）绗缝：按绗缝宽度要求对棉礼帽的帽墙、帽顶、帽檐的面料与喷胶棉芯一一对应进行缝合。注意手法要平顺按压，以免上下错位，如图4-104～图4-106所示。

（2）净剪裁片：对绗缝完的各裁片进行二次裁剪，依照纸样，保留缝份，减掉多余的量，如图4-107、图4-108所示。

（3）收帽顶省：根据款式造型的需要，完成帽顶面、里各裁片四个省的缝合，并完成其整烫，如图4-109、图4-110所示。

（4）合帽墙：分别将帽墙的面、里对折整齐后，将帽墙面、里的两边以0.5cm距离缝份进行缝合，接着完成其缝份的劈缝熨烫，如图4-111、图4-112所示。

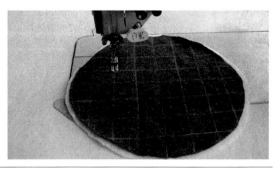

图4-104　绗缝帽墙　　　　　　　　　　　　　图4-105　绗缝帽顶

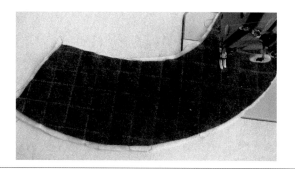

图4-106 绗缝帽檐

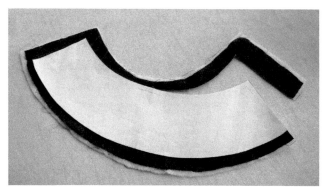

图4-107 净剪帽檐

图4-108 净剪帽顶

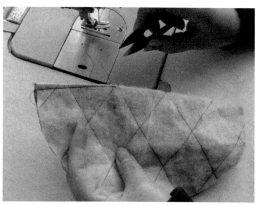

图4-109 帽顶面收省

图4-110 帽顶里收省

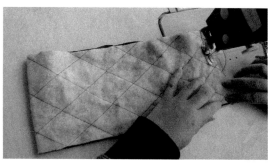

图4-111 合帽墙面

图4-112 合帽墙里

（5）帽墙与帽顶缝合：也称"接墙子"，就是将帽顶与帽墙的面、里分别按0.5cm缝份量缝合，如图4-113、图4-114所示。注意帽顶中的剪口，分别要与帽墙面料、里料上的缝合处对准，再用高速平缝机连接到帽墙上，然后将面、里两层对准套合在一起，劈缝整理熨烫（图4-115），再将帽顶面与里的缝份缝合固定在一起，保留0.5cm缝份修剪，同时在距帽口0.2cm处固定，帽冠部分制作完成了（图4-116）。

图4-113　帽顶与帽墙面缝合

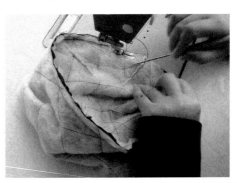

图4-114　帽顶与帽墙里缝合

图4-115　整烫帽冠

图4-116　合帽冠面、里

（6）合帽檐：首先将两片半圆形的帽檐烫上有纺黏衬，按0.5cm缝份进行面与面、里与里两两缝合，形成两层圆形帽檐，如图4-117、图4-118所示，接着将上下层帽檐面与面相对合，在距外圆0.5cm缝份处缝合（图4-119）。再将面部翻转出来（图4-120），沿帽檐的外口熨烫平整，注意防止里子外凸，面要比里大0.2cm左右（图4-121）。在帽檐内口保留0.5cm缝份，多余的进行修剪（图4-122）。

接下来的环节就是将两层帽檐在距内口缝份0.3cm处缉线固定（图4-123）。

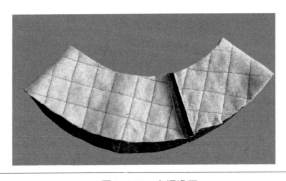

图4-117　合帽檐面

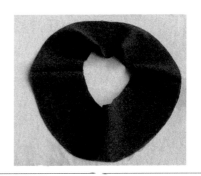

图4-118　合帽檐里

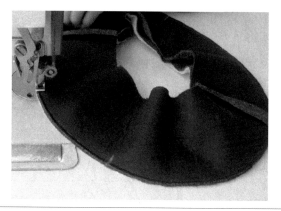

图4-119　合帽檐

图4-120　翻转帽檐

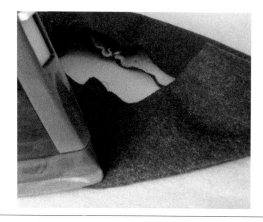

图4-121　熨烫帽檐

图4-122　净帽檐

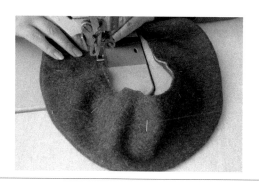

图4-123　帽檐固定

（7）合帽冠与帽檐：将帽冠与帽檐面与面向对合，沿着圆口0.5cm的缝份缝合（图4-124），注意上下两层缝合时送推均匀，不能出现抻拉，防止帽口的起皱现象。

（8）绱汗布条：一般情况下制作帽子的汗布条（或叫汗带、帽口带）可直接使用由供应商提供的成品，在帽子制作时按帽口的尺寸要求裁断即可，合围缝制（图4-125），按惯例商标与洗涤标同时钉缝在汗布条指定部位，接着将汗布沿边0.2cm踏缝或合缝在帽檐内口0.5cm的缝份上，完成汗布条与帽檐的缝制，如图4-126、图4-127所示。为了固定和更好的掩盖内部的缝份，可以在汗布条上压上0.1cm的明线（图4-128）。

图4-124　合帽冠与帽檐

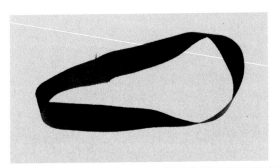

图4-125　合汗布条

图4-126　绱汗布条（一）

图4-127　绱汗布条（二）

图4-128　压汗布条

（9）熨烫定型：为了使礼帽外形具有立体感和挺度，在制作过程中可根据工艺需要进行多次的熨烫，在规模化生产中，往往在缝制基本完成后还要根据不同材质利用定型负模和正模在高压定型机上设定适当的温度完成礼帽塑造与定型。也可以利用自制的烫包完成熨烫，如图4-129、图4-130所示。

（10）检查整形：是对一顶礼帽的内外质量标准的检验，一顶质量合格的礼帽，外观造型要美观，表面不能有明显的多余线头、毛屑和污渍。通常情况下可以使用刷子，轻刷礼帽的表面，将粘在上面的多余线头、毛屑以及灰尘刷干净。

（11）包装：通常礼帽的包装是放置入纸箱中才能出厂，为了便于运输，还需要在每顶礼帽的帽墙周围套上塑料泡沫圈，以防止在装箱后礼帽受到挤压变形。用于包装的纸箱，在规格上通常要视帽形与销售需求而定。

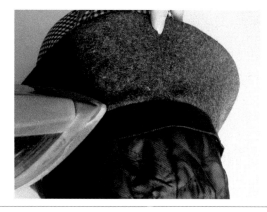
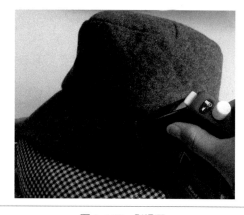

图4-129　熨烫里　　　　　　　　　　　　　图4-130　熨烫面

　　礼帽生产过程中因款式、用料不同，制作工序、熨烫定型及工艺细节的设计上也有所不同，因此要考虑到方方面面的要求才能进行工艺设计和缝制。

课后习题

　　1. 自选材料，设计制作一款宽檐凉帽。

　　2. 选用适当材质的面料，设计制作一款女士时尚软帽。

　　3. 按照书上的制作步骤，制作一顶运动帽。

第五章

首饰的设计与制作

第一节　首饰设计

一、首饰史话与现代首饰观

1. 首饰的起源与发展

　　首饰的历史极其悠久，早在四五万年前的旧石器时代，人们就开始把动物的牙齿和羽毛、石珠、贝壳、鱼脊等材料磨光，整齐而有规律地排列起来，串成项饰或其他的饰物，用来装饰和表现自己，这就是最原始的首饰。例如，山顶洞人用各种打磨后的小石头、刻沟的骨管和凿孔后的贝壳等做成项链（图5-1），并且许多装饰品带有用赤铁矿染过的红色，这些都表明了古人对形体、色彩已经有了较高的认识与改造的能力，体现了他们对事物的朦胧理解、爱好和运用。

　　这一历史时期，首饰一方面显示佩戴者的勇敢，具有吸引异性的重要心理因素，另一方面也表现出对大自然的一种物的崇拜，具有原始宗教的特质，是精神生产的一部分。这一时期首饰的材料、运用形式等综合来看，此时的首饰只是简单的接近材料原型的加工形式以及同一材料的重复组合，代表了原始首饰的开端。

　　到了新石器时代，人类的装饰意识已经在首饰方面充分显露出来，许多地方出土的文物反映出这一历史时期装饰品的材料与做工都很精美。在形状的规则性、主观性，表面处理的光洁度、精细程度及材料的选择与改造上，已经远远超出了实用的需要，体现了较明确的审美和装饰意识（图5-2）。从出土的首饰来看，还具备有系列化的特征，既有玉、骨、角质管状项饰，还有头饰、玉笄、臂环、指环、象牙梳及多种坠饰。

　　随着历史的不断推进，首饰也曾一度成为权力和地位的象征。首饰的佩戴也要受到等级的约束。隋唐时期，皇后所佩戴的首饰有白玉双佩、十二钿、花十二树等，太子妃的首饰则减为九树九钿，宫廷命妇递减。在我国清朝，佩戴不同类型的朝珠表示官阶品级的高低。在19世纪以前的欧洲，珍贵的珠宝首饰是为少数王室设计制造的，如英国女王镶嵌特大钻石的权杖，俄国沙皇镶满宝石的皇冠等，无不代表着至高无上的封建权力。

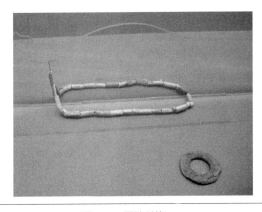

图5-1　原始首饰

图5-2　玉质系列首饰

到19世纪末20世纪初，随着生产力的发展与提高，现代艺术得以空前发展，首饰业开始了新的革命进程，首饰的平民化、装饰化、个性化，特别是新材料、新技术的运用，使得首饰的发展有了更为广阔的空间，与此同时，人们对首饰的认知观念由传统的"权力体现"、"地位象征"、"财富象征"等转换成为"个性展示"、"文化品位"等，这种转换是时代进步的必然。当然，这种转换也使得现代首饰观念发生了极大的变化。

2. 现代首饰观

现代社会，科技的发展带动了人类意识观念的不断变化，特别是很多新材料、新技术、新工艺的不断涌现，在某种意义上已经模糊了传统首饰中贵金属、宝石的概念，并且随着艺术观念的变化发展的步伐，糅合了抽象主义、立体主义、构成主义、后现代主义、解构主义、高技术主义等，在现代首饰中得以不断体现，特别是当今流行首饰、艺术首饰、概念首饰等各种首饰的出现，更是模糊了首饰与建筑，首饰与雕塑等界限。具体来看，现代首饰可以摒弃原来传统首饰的种种局限，从佩戴群体到材料与工艺都得以适用性的变化，这种适用性变化导致无论是陶艺、木艺、漆艺、玻璃艺术，还是现代人工合成新材料都可以自由地运用于现代首饰之中，这也给首饰的设计与制作提供了更为广阔的自由空间，所以，从目前来看，现代首饰观的发展变得越来越宽泛，并且是随着社会的不断发展与变迁而改变的（图5-3～图5-6）。

图5-3　现代首饰设计

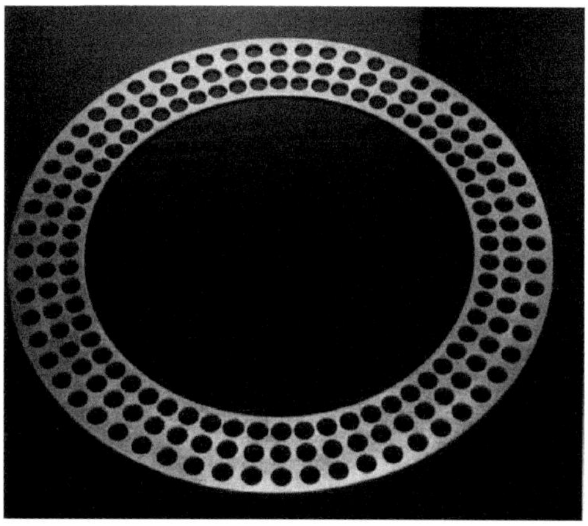

图5-4　概念首饰

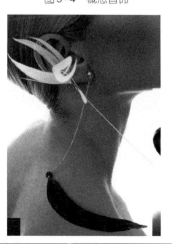

图5-5　艺术首饰

图5-6　时装首饰

二、首饰设计简介

1. 首饰设计定义

在很长的历史时期，首饰都是由工匠们依据经验进行制作的，由于制作缺乏可预见性，而且不合适部位的修改都是在制作过程中进行的，费时费力。到20世纪初，卡迪尔创建了自己的设计工作室，并招聘了学生进行专门的首饰设计方法训练。此后，经过设计后的首饰大大增加了加工的预见性和可靠性，得以大力发展，进而，首饰设计从制作中分离，并最终产生了专门从事设计的设计师。

那么，什么是首饰设计呢？首饰设计和其他的造型艺术一样，造型、色彩和材料这三个要素在设计中起主导作用。它要以佩戴者为对象，同时考虑其机能性、装饰性、社会性。首饰设计是在选择和利用材料，并采取一定的技术手段，使其设想进一步明确化、具体化，以形成完美的首饰选型的过程。

首饰设计通常要考虑以下因素：是否符合视觉审美原则，即造型是否美观；是否符合心理审美原则，即是否符合人的社会需求和情感需求；准备使用什么材料，即材料的选取应能充分反映和烘托设计的目的，并考虑其加工的可能性；制作加工技术和工艺水平是否达到要求；是否符合功能上的要求等。

2. 首饰设计要素

一般来说，一款首饰设计作品都包含三方面的要素，即设计语言、艺术形象及实用要求。

设计语言是指作品可以告诉人们设计师所要表达的主题内涵，设计语言取决于设计者对设计主题的确立，同时它又与设计者的文化底蕴、艺术修养紧密相关。为了使设计语言传达得准确、直接，现在很多首饰设计作品都有自己的作品名称或主题名称，以文字化的提炼引导人们去理解设计语言的视觉表达（图5-7、图5-8）。

艺术形象是指以各种表现手法（图5-9～图5-12）（如具象的或抽象的，构成应用式的等）将首饰内蕴涵的设计的语言表达出来，展现给人们的美的视觉效果，强调它的造型艺术性。

实用要求一方面是指首饰选材及材料搭配及加工工艺实现可行性上的现实性，另一方面指符合人们的社会和心理的情感需求及佩戴要求（展示性首饰不受此限制），如男性首饰和女性首饰在造型元素、材料色彩、首饰尺寸等所表现的区别。

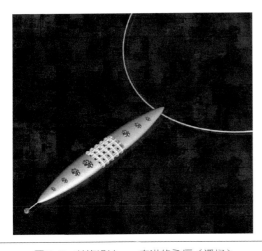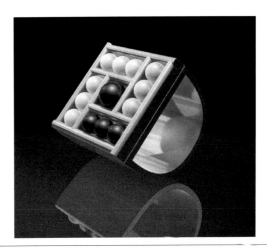

图5-7　首饰设计——奋进的永恒（潘杨）　　　　图5-8　首饰设计——窗（詹旺）

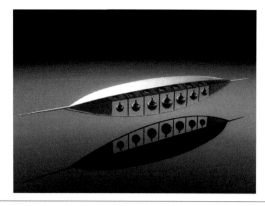

图5-9　胸针设计（詹旺）　　　　　　　　　　图5-10　银饰胸针

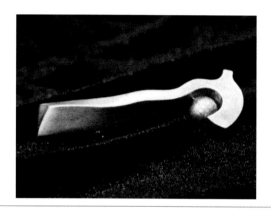

图5-11　项饰设计　　　　　　　　　　　　　图5-12　胸针设计

　　因此首饰设计者在进行首饰设计时应全面考虑三要素的要求。

3. 首饰设计方法

　　广义地说，首饰设计方法包括如何进行设计定位，如何寻找设计主题和如何进行设计表达的全过程。

　　这里所谈及的设计方法仅指如何进行设计表达，它包含三个过程。

　　选择和创造造型元素——这是一个抽象和变象的过程，也是一个个性化的过程。不同的原始造型元素直接影响首饰作品的风格。

　　造型元素如何组合创造新的造型——这是一个造型能力培养的过程。设计者要对原始造型元素进行变形和组合，要考虑形态、材质和色彩三方面的表现。这里要应用三大构成的理论。

　　设计效果图的制作——包括立体图和三视图。这是设计的最终展现。

三、首饰设计基本方法

　　谈及首饰设计的基本方法，传统的首饰设计一般通过"模仿型"、"继承型"、"反叛型"来加以设计制作，当然，现今的首饰设计已经不再是传统艺人的专利，众多的艺术家、建筑师、时装设计师等首饰爱好者已经广泛参与进来，使得首饰设计的个性化、时尚化、前卫性、趣味性及奇特性成为其主流发展方向。首饰设计的方法变化多样，但是万变不离其宗，综合起来看，其基本方法主要有以下几种。

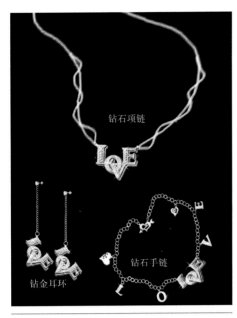

钻石项链

钻金耳环

钻石手链

图5-13　套件首饰设计

1. 符号语言法

在设计师看来，符号语言的恰当运用可以将人们熟知的形象符号运用到特定意义的首饰设计中去，通过约定俗成的共识使首饰中的图形符号经过感受、经验、记忆、重生等过程达到以小见大、以物动情的效果，形成一种意识、一种精神的最佳组合（图5-13）。

2. 构成运用法

利用"构成"原理来设计首饰是现代首饰设计的图式化表现的方法。所谓"构成"就是研究形态的造型要素，即数种以上单元组合成新单元过程的一种视觉语言，简单地说就是"打散后重新组合"。现代首饰造型的简洁、有序等特征就是在"构成原则"下的点、线、面、体的合理构建下营造出来的（图5-14）。

3. 自然形态法

对"自然形态"的观察与研究并应用到首饰设计中是首饰设计比较新的方法。科技的发展使得人类对宏观世界和微观世界的认知有了极大的拓展，大至星系，小至分子结构、基因图谱等。当然，还有万物的形状、肌理、质地等都是首饰设计师创造人们喜爱的首饰设计的方法（图5-15）。

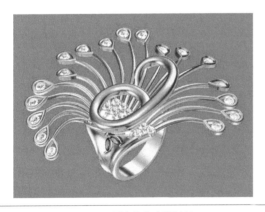

图5-14　首饰的构成设计法

图5-15　自然形态法首饰设计

4. 比例逆反法

比例逆反法是当今首饰设计不可忽视的方法。社会生活环境中的人们往往习惯了"井然有序"的生活逻辑，利用"比例逆反"的方法进行颠倒和混淆比例关系的首饰设计，往往获得较好的视觉愉悦与新颖奇特的形式感，因而备受欢迎（图5-16）。

5. 实践探索法

实践探索法是首饰设计最基本的方法。现今，首饰材料与制作工艺发展一日千里，特别是新材料、新工艺的发展要求首饰设计师对最新的材料与技术要有客观的认知与直观的感知，这些都要从实践中才能得来，通过不断实践加深对新材料的认识，并通过新工艺和传统工艺手段合理使用获得特殊效果，正如巴特斯·劳里（美）所说，"观念、形式、媒介是创作活动中无法区分开来的三部分"。通过动之于手的感知和深化，从视觉到触觉的体验，触发形成完整的首饰设计方案。也可以说实践探索法是现代首饰设计方法创新的动力（图5-17）。

图5-16　比例逆反法首饰设计

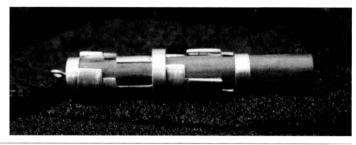

图5-17　现代首饰设计——吊坠

四、常见的首饰设计

常见的首饰有戒指、耳饰、项链、胸饰等。

1. 戒指的设计

戒指是款式最丰富、最具有象征意义的首选珠宝首饰。由于戒指多佩戴在一个手指上，加之手又是活动频繁的部位，其大小及形状的局限性很强，即必须在一个指节范围内发挥设计能力，因此，戒指的设计有一定的难度，但对设计师来说也就具有一定的挑战性。

（1）男装戒　男装戒的线条一般比较简单，设计以直线条和角度变化为主，用以表现男性的性格特征（图5-18）。

（2）单主石女戒　表现了"简单即是美"的审美思想，用少量的金属衬托出大宝石的美感。一般应用于高档宝石，特别在钻石款式设计中不可缺少（图5-19）。

（3）有主石的混镶女戒　除有较大的主石外，还配有其他的小配石，以表现戒指的整体造型。在进行混镶戒指设计时，要注意主石与配石的大小差别要显著，整体编排既能突出主石，又能表现出混镶的某种独特造型美。

（4）不带主石的群镶女戒　由一组大小大致相等的宝石组合镶嵌而成的款式。小宝石可以同色也可以不同色，整体的排列要表现出一体化，且突出戒指的视觉中心（图5-20、图5-21）。

图5-18　男装戒

图5-19　单主石女戒

图5-20　不带主石的群镶女戒　　　　　图5-21　主石的混镶女戒

2. 耳饰的设计

耳饰根据佩戴方式不同分为耳钉、耳环、耳坠等。它们的共同特点多是戴在两只耳垂上，左右对称，也有个别设计为单耳所戴或戴在耳廓上，具前卫的特点。

（1）耳钉　耳钉是在款式主体的背后焊接一根与主平面垂直的钉，该钉穿过耳垂孔后用耳背固定在耳朵上。由于耳背经常要取下来，所以不太牢固，应注意设计耳钉时不能过大或过重。

（2）耳环　耳环整体呈环状，吊在耳垂上。在设计上耳环通常比耳钉大一些。设计中注意耳环上所镶宝石在佩戴时应尽可能外露。部分是耳坠的主体，它与上一部分以可活动的方式连接。

3. 项链的设计

项链设计首先要确定长度，一般是40cm左右。最简单的设计就是一根链子加一个吊坠。除此以外还有一些整体化设计的项链。项链的设计通常只需表示前视图即可。这里吊坠设计成了主题（图5-22～图5-25）。

4. 胸饰的设计

胸饰是设计空间最大的首饰之一，其结构类型及大小都没有太大的限制，只要能将首饰用一根别针稳固地别在胸前即可（图5-26、图5-27）。

图5-22　项链设计（一）　　　　　　　图5-23　项链设计（二）

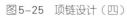

图5-24 项链设计（三）　　　　　　　　图5-25 项链设计（四）

图5-26 胸针设计（一）　　　　　　　　图5-27 胸针设计（二）

5. 套件首饰

　　一般来说，套件首饰包括戒指、耳饰和项链三部分，有时也可以加上胸饰、手链等。由于不同类型的首饰各有特点，所以在设计时不能完全相同，但又要有共同的特点把它们联系在一起。共性表现在某个设计元素一直贯串于整个套件设计中。设计实例如图5-28～图5-31所示。

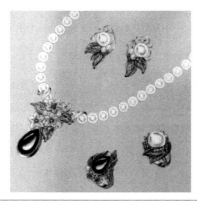

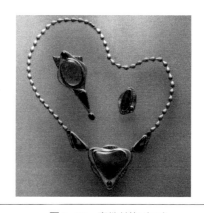

图5-28 套件首饰（一）　　　　　　　　图5-29 套件首饰（二）

图5-30 系列套件首饰（一）　　　　　　　　图5-31 系列套件首饰（二）

第二节　首饰制作工艺

一、首饰制作的材料及工具

1. 首饰的发展

首饰在发展过程中使用的材料非常丰富。从原始的贝壳、骨头、树叶、花朵到后来的金属的提炼及使用，经历了漫长的时期。目前，依据行业划分，大致可以将首饰材料分为贵金属和非贵金属，宝石、半宝石、人造宝石及非传统材料等几大类。我国传统上对首饰材料的使用局限于黄金、银等金属，特别是中国消费者对24K黄金的推崇使得纯金首饰独霸国内市场，而欧美等国家的人则比较喜欢K金首饰。目前，我国对K金首饰的推广也越来越普及，这是由于人们观念的改变，首饰的设计价值或者是艺术价值更趋向于被人们所接受。如今，随着观念的转变，商业首饰、时装首饰、个性化首饰、艺术首饰的制作材料包罗万象，有的甚至包括一次性材料、废料等，其中不乏纸张、塑料、纤维、陶瓷、玻璃等。

2. 首饰制作工具

（1）工作台　一般地，首饰制作工作台在台面正中向前伸出一块长约30cm、宽约10cm、厚约1cm的木板，便于手工进行锯、钻及锉等工作。工作台台面钉上厚度为1cm的铝皮（或白铁皮），以便进行金粉的收集和防火。

（2）火吹套件　火吹套件是首饰制作中的重要工具，其作用主要有熔金、退火、焊接等。火吹套件由鼓风器、燃料容器和火枪等部件组成，各部分之间用软管连接。

（3）吊机及机头　吊机是利用电机一端连接的钢丝软轴带动机头进行工作的。吊机一般是挂在工作台的台柱上。机头为三爪夹头，用于装夹机针。机头分两种，一种为执模机头，稍微大一些，一种为镶石机头，稍微细小一些，且有快速装卸开关。吊机的脚踏开关内有滑动变阻机构，踏下高度的不同会使吊机产生不同的转速，适合于不同的操作情况。

（4）吊机机针　吊机机针是首饰制作中非常重要的工具，主要用于首饰的执模、镶嵌甚至抛光等环节。根据机针针头的不同形状，主要有以下几种：粗球针、扫针、钻针、吸珠、飞碟等（图5-32～图5-36）。

常见各种机针如图5-37所示。

（5）压片机和拉丝板　压片和拉丝是首饰制作中经常应用的操作环节。压片机是由两个钢质压辊来完成压片的，动力来源于手摇和电动两种。拉丝板是拉丝操作的主要工具，通常需要固定使用。

 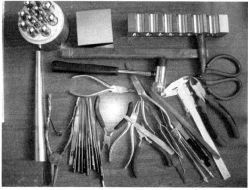 

图5-32　手动压片机　　　　　　图5-33　首饰制作工具　　　　　　图5-34　工作台

图5-35　造型工具　　　　　　　　　图5-36　錾花工具

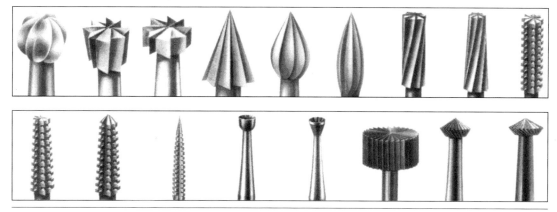

图5-37　常见各种机针

二、常见的首饰制作工艺

所有的设计只有通过加工制作工艺才能形成真正的产品，进而通过流通领域进入到消费者手中。在从设计到实物制作的过程当中，这是一个质的飞跃，实现这个飞跃必须要有相应的制作工艺，作为首饰制作工艺来说，常见的有手造法和铸造法等。由于首饰制作需要制作者对设计图纸的精确理解，精心制作，所以又可以说首饰制作的过程也是对其再创造的过程。

三、首饰制作工艺加工流程

（1）设计　珠宝设计师把理念中的款式形象画出来，交给工艺精湛的珠宝师傅来完成他们的作品。

（2）起板　即利用手造方法制造出首饰样板，并在其适当位置焊上能保证浇铸时引导金属液体顺利灌入的水口棒，作为浇铸用样板。在某些情况下，也采用浮雕技法直接用雕蜡方法制造出首饰原形，称为起蜡板。

（3）压模　用橡胶片把首饰样板夹在其中，将生胶片塞入一个预选的铝框中，并使被压制的样板填满碎胶片，利用热压机在橡胶中压制后，用手术刀按一定技术规则将胶片割开，取出首饰样板就制成了所谓的胶模。

（4）倒模　先将蜡树固定在铸笼内，放在抽真空机上抽真空，取出后灌入铸笼，再经过蒸蜡，放入烘箱内进行石膏的烘焙，逐步升温过程即可完成石膏的烘焙制成石膏模。金属料及补口在熔金炉中加热，当合金完全熔化并搅匀后，把金水浇注到真空机或离心铸造机的石膏中，冷却后就制成了首饰毛坯。

（5）执模　执模是指对首饰毛坯进行精心修理的工序。

（6）镶石　经执模后，通过与手造工艺相同的镶石、抛光、清洗、打字印，以及电金、喷砂等艺术处理，即可完成珠宝首饰加工的全过程。

（7）抛光　抛光后的首饰表面应光亮无比，给人以光彩夺目的美感。

（8）电金　利用白金水（含"铑"元素）对首饰表面进行电镀，使首饰表面更白（白色）、光亮。

（9）品检。

四、首饰制作实例

在教学过程中，因为设备条件限制，非珠宝首饰设计专业教学的重点放在首饰的二次设计上，要求学生按照基本程序进行流行首饰的设计与制作。学生可以利用市场上能购买到的首饰制作工具，9形针、T形针、单圈、链扣、金属链及其他配件进行创作。

1. 首饰制作需要的工具

（1）圆嘴钳　这种钳子的顶端部分是圆的，是夹T形针和9形针时必备的工具。

（2）尖嘴钳　顶端部分是尖的，可以用来夹扁定位珠，将T形针和9形针绕出自己所需要的圆形。

（3）剪刀　用来剪断绳子等。

（4）镊子　用来夹取较小的配饰，粘钻或者珠子。

（5）收纳盒　将珠子和金属配件分类整理在盒子里，便于寻找使用，不易丢失。

（6）尺子　用来测量长度等。

（7）打火机　用来处理线头，防止抽丝滑脱。

（8）串珠针　当用较软线串珠子时会有一定难度，所以需要借助串珠针来完成。

（9）黏合剂　可起到固定的作用。

（10）金属配件　基本配件是大部分饰品都会用到的，也是制作一个饰品的基本需要，是最不可缺少的材料。

① 9形针　呈"9"字形，一头呈圆圈形，另一头为针状（图5-38）。一般在中间穿好珠子或者其他配件后，把另一头用尖嘴钳绕成圆形，主要起连接上下两头的作用。

② T形针　呈"T"字形，一头为针状，一头为平底或者半圆形的圆底（图5-39）。一般用于串好珠子或其他配饰后，挂在饰品的最下端。

③ 单圈　单圈又称"C"形环或"O"形环，有多种型号，根据用途的不同可以选择单圈的大小，在两个配饰间起到连接的作用（图5-40）。

④ 链扣　一般在制作项链、手链时使用。链扣又分普通链扣、磁性扣、花式链扣、IQ扣等，图5-41所示为龙虾扣。

图5-38　9形针

图5-39　T形针

磁性扣是指链与扣上有磁石，可以相互吸引达到自动扣住效果的链扣。花式链扣一般指表面装饰有花型形状。IQ扣由一个带孔圆环和一根棍形的配件组成，常用于制作手链或腰链。

⑤ 金属链　金属链分为无孔链和有孔链两种。无孔链分为波波链、珠节链、金丝链等，链上没有明显的孔状，不能在上面使用单圈等材料，可以配合贝壳链头、夹片、包扣等使用。有孔链分为O圈链、8字链、调节链等，这类链在上面有明显的孔状，可以直接使用单圈、T形针等在链上做出各种造型挂上配饰（图5-42）。

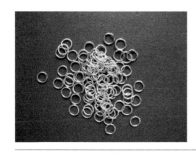

图5-40　单圈

图5-41　链扣

图5-42　金属链

2. 手链的制作过程

① 用尖嘴钳截取所要金属链的长度。

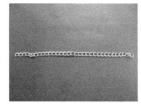   

② 将T形针穿过珠子，用尖嘴钳剪掉多余部分，贴着珠子将T形针绕成圆形即可。

  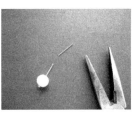 

③ 用同样的方法做出大小颜色不同的多个珠子，把单圈套在刚刚用T形针绕出的圆形中，并固定在截取好的金属链上。

④ 同样用单圈固定好其他小配饰。

⑤ 制作金属流苏。截取两条长短一样的金属链，选取金属链的中心位置穿入单圈。

⑥ 用单圈将流苏、小配饰固定在金属链上。

⑦ 可根据设计需要在金属链上添加多个大小不一的单圈。

⑧ 截取两条长度不等的金属链，两端分别穿入小单圈。

⑨ 在手链的一端用单圈固定龙虾扣，另一端固定调节链。

⑩ 完成。

3. 项链的制作过程

① 将T形针穿过珠子，用尖嘴钳剪掉多余部分，贴着珠子将T形针绕成圆形即可。根据T形针的长度及所需要的款式可穿多个珠子在上面。

② 用单圈将穿好的珠子相互连接起来。

③ 将小玻璃珠穿入9形针，剪掉多余部分后绕成圆形，用单圈把金属流苏固定。

④ 把单圈穿过调节链后固定吊坠，在其对应的一端用同样方法固定一条短的调节链，之后再将短调节链的一端固定在刚刚固定吊坠的单圈上。

服饰配件设计与制作

FUSHI PEIJIAN SHEJI YU ZHIZUO

⑤ 同金属流苏做法一样，只是每根流苏末端用小单圈固定一颗带切面的珠子。

⑥ 用单圈连接金色珠子与黑色珠子。

⑦ 截取粗细不同的调节链，固定在心形吊坠上。

⑧ 用不同型号单圈将项链的各个部分逐一连接固定。

⑨ 根据个人喜好截取项链调节链的长度，另一端用单圈固定龙虾扣。

⑩ 完成。

第三节　项目教学实训

实训 1　完成陶泥项链的制作

在教学过程中，由于教学条件的限制，非珠宝设计专业教学的重点可以放在综合材料首饰设计与制作上，要求学生按照基本程序进行流行首饰的设计与制作，下面将就软陶与银、木材与银等的结合作为首饰制作的范例进行创作。

（1）材料　软陶（图5-43）。

（2）工具　如图5-44所示。

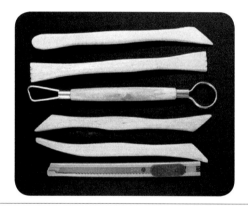

图5-43　软陶　　　　　　　　　　　　　　　　图5-44　工具

制作步骤：

① 挑选合适的软陶泥，切成1cm³左右的小块，然后用手搓成球状备用。

② 选取自己喜欢的颜色的陶泥，切成长方形的条状，用工具碾压成片状，然后叠加在一起，继续碾压，形成片状，用刀切成合适的方形，然后搓成条状。

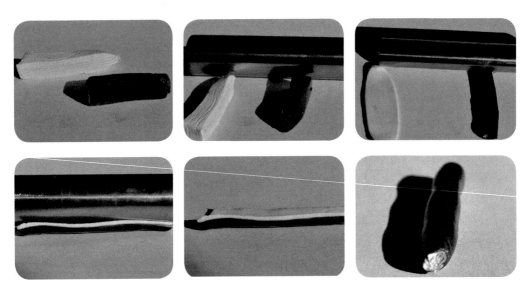

③ 将彩色条纹状的软陶泥条截取成段，然后再切成片状备用。

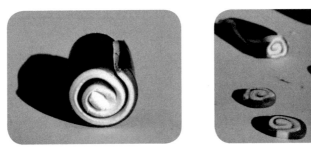

④ 将①中的备用陶球取出，将③中切好的薄片贴在圆球上，分四面贴好，然后用手搓圆，使之结合，形成一个球体。

⑤ 用尖头的针尖将彩色条纹的陶泥扎透，使球中心有一圆孔，并要反复修饰圆球，使之干净、整洁。

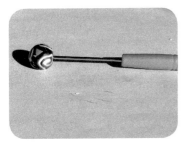

⑥ 按上述方法，可根据自身设计需要制作自己需要的花色与形状，然后在烤箱里用110～150℃的温度烤5～20min，由于烤制需要根据作品大小、软陶泥的特性以及烤箱的特性综合考虑，所以大家在制作时一定要先实验几次，到自己完全掌握好以后再烤制自己制作完成的作品。

⑦ 将烤制好的软陶珠准备好，将它与银珠子与皮绳组装好，一串以软陶、银为主要材料组合而成的项饰就完成了（图5-45）。

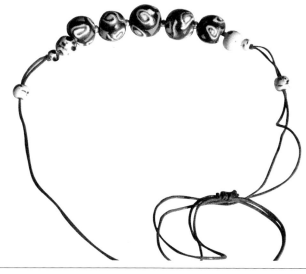

图5-45　成品

其他陶泥项饰如图5-46、图5-47所示。

图5-46　陶泥作品——内嵌式项链设计

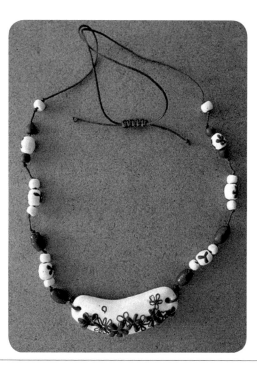

图5-47　陶泥作品——镶嵌式项链设计

实训2　完成银与乌木项饰的制作

　　相对上文的项饰制作，本例对工具、设备及技术相对要求较高，适合有一定实践制作技能的学生。

　　（1）材料　乌木、银等。

　　（2）制作步骤

　　① 根据设计图将银片、乌木准备好。

　　② 用吊机将乌木整形、打磨、抛光好，并钻孔备用。

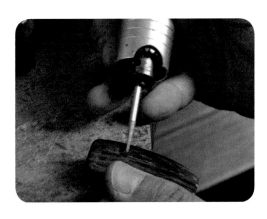

　　③ 将银片退火后用压片机碾压，使之达到0.3～0.5mm厚度，根据设计稿裁切好银片，制作完成好配件原料，并焊接完成，塑造好单个造型，用吊机钻孔，然后打磨、抛光。

 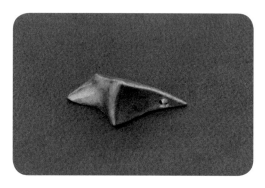

④ 将银条退火后用锻打或压线机碾压变成长条状，到直径约3mm后用拉丝机拉成直径约0.8mm的细丝备用。

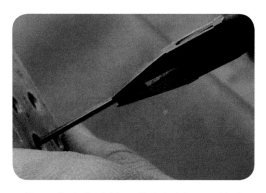 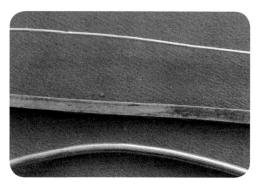

⑤ 用冲头在砧铁上凿出设计需要的造型，将0.8mm的银丝窝成圆圈，并焊接在其背部合适位置，并用砂纸、吊机等打磨、抛光。

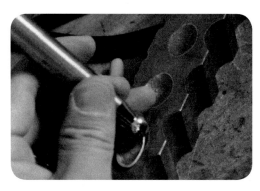 

⑥ 将0.8mm银丝用尖嘴钳弯成自钩状，使之与配件组合好，并用点焊机焊接好。

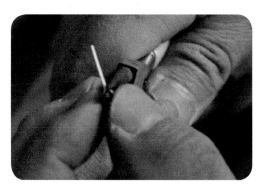 

⑦ 将各配件组合起来，组装成项饰的坠子，注意好角度、位置等细节。

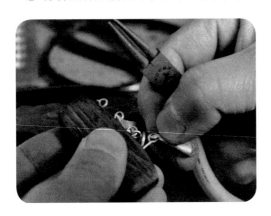 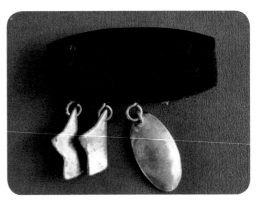

⑧ 将皮绳与小配件组合好后插入坠子背面钻好的孔里，用502胶水黏合好即可。

课后习题

1. 根据现场条件设计制作一款时尚首饰套件。

2. 根据书上项链的制作方法，选用自己喜爱的材料，进行二次创作，设计制作小首饰（项链、手链、耳环、腰饰等）。

第六章

披肩、围巾、领结、
领带的设计与制作

披肩、围巾是披在肩上或围在颈部的物品,其造型、面料、色彩极为丰富,用途也非常广泛,具有实用性和装饰性,多用纺织品、裘皮及毛线等材料制成。冬季使用披肩、围巾能保暖,一般用柔软的、较厚面料制作,实用性强;春秋季使用的披肩、围巾,一般用中厚、薄面料制作,具有实用性及装饰效果;夏季使用的披肩、围巾,用轻、薄、透面料制作,具有较强的装饰作用。

围巾是当今服饰中不可缺少的饰物之一。在许多穿着场合中与服装搭配,起到不可忽视的衬托作用。围巾的装饰方法很多样,除披挂、打结、缠绕等形式外,还可借助一些漂亮的饰针将其固定,也可根据个人的兴趣爱好及审美观进行组合。围巾的围系部位,可披于头颈之间、围在肩颈部、绕于胸前、扎在发辫上、做胸袋装饰、缠在手腕上等,能够充分显示其实用及装饰美化的作用(图6-1~图6-4)。

图6-1　绕于胸前

图6-2　胸袋装饰

图6-3　扎在发辫上

图6-4　围在肩颈部

围巾的款式以长方形、正方形、三角形、圆形、多边形等造型为主;棉、毛、丝、麻、化纤各种材料均可制作;色彩花型应有尽有,组成了一个艳丽斑斓的围巾世界。

第一节　披肩、围巾的种类

　　围巾的种类很多，按原料分有兽皮巾、毛皮巾、丝巾、纱线巾及各种化纤和交织巾等；按生产工艺分有机织巾、针织巾、无妨巾等；按形状分有长巾、方巾、三角巾、圆巾、套巾等；按围巾的边须分有织须、装须、粘须等；此外还有用多种材料和工艺进行组合、拼接而成的（图6-5～图6-10）。

图6-5　小方巾扎在颈部

图6-6　大方巾

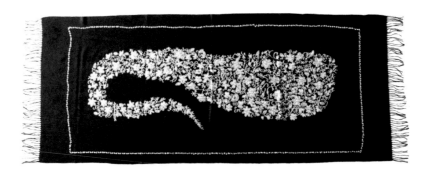

图6-7　多种材料拼合

图6-8　装须披肩

图6-9　套巾

图6-10　毛皮围巾

第二节　披肩、围巾的设计

一、披肩、围巾的款式设计

1. 根据用途不同设计

（1）束发用　一般材料为丝或丝棉，是利用围巾的图案多样的特点，对头发进行装饰。这种巾一般尺寸较小，可设计成方形、长方形或三角形。它的大体扎系方式是将巾卷成一条扎结于发辫上，达到修饰与美化作用（图6-11）。

图6-11　束发用方巾

（2）裹头用　一般材料为丝、化纤、棉等材质，利用围巾特有的图案及形状特点，对头部进行装饰，可设计成长方形或方形。它的扎结方式多种多样，可将围巾先折成三角形或长条形，围系头部，起装饰作用；也可将头部围住只露出脸部，防风尘用（图6-12）。

（3）围脖用　材料应用很广泛，是采取了围巾的柔软修长的特点，对颈部进行装饰。多设计成长方形或方形。扎系方法主要是将围巾折成细条状或三角状围系在颈部，以达到对颈部的修饰，一般颈部修长的人最适合这种方式（图6-13）。

（4）装饰用　指的是利用围巾的图案、色彩和造型，对身体进行修饰。装饰用巾的形状设计多样，尺寸多变。它的扎结方式有多种，也可以直接以其原始形态围披（图6-14）。

（5）防寒用　在天气早晚温差变化较大，或在增加较厚服装之前，用较厚重的、保暖性好的围巾来围系、披覆在脖颈或上半身，既可保暖防寒，又穿带自如。可设计成长方形、正方形、三角形、半圆形等形状，尺寸较大（图6-15）。

图6-12　裹头用围巾　　　　　　　　　　　　　图6-13　围脖用围巾

图6-14　装饰用围巾

图6-15 防寒用披肩

2. 尺寸设计
根据用途不同，围巾在尺寸设计上大不相同，一般分为小、中、大、特长几种尺寸。
3. 形状设计
长方形巾、正方形方巾、三角形巾、圆形巾等。
4. 图案（纹样）设计
单独纹样、连续纹样、手绘、刺绣图案等。
5. 装饰设计
珠片镶嵌、蕾丝、刺绣、镂空、皱褶等。

了解围巾的不同用途，并在设计的过程中遵循形式美的法则，进行款式、色彩、材料等方面的综合考虑，即可设计出丰富多彩、形式各样的围巾，为人们日常着装起到点缀和美化作用。

二、披肩、围巾的色彩设计
从色彩上看，与服装色彩协调的围巾、披肩搭配起来显得优雅稳重，适合于正式的场合；与服装色彩呈对比色的围巾，搭配起来活跃一些，适合于一般场合。如果服装是单色，可搭配有图案的披肩和围巾；如果服装的图案太大而显眼，披肩或围巾最好选择单色；有民族传统风格、特色的披肩、围巾与民族服装搭配，可以在任何场合使用。

披肩、围巾在色彩设计上主要采用色彩系列设计、双色反色设计、单色设计（无图案）、拼色（多色组合）设计等设计方法。

三、披肩、围巾的材料应用

不同的配件使用的材料不尽相同，在服饰配件设计中，材料的选择应用要考虑服饰配件与材料的协调性、合理性及美观性。在原有材料的基础上不断创新，利用新材料和多种材料组合，形成服饰配件的多样性外观，使服饰配件外观不断更新。服饰配件外观效果的多样性与多种材料组合有很大关系，在披肩、围巾上的材料应用主要有梭织面料、针织面料、各种线类、其他（多种材料组合）（图6-16、图6-17）。

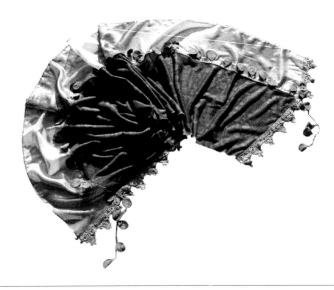

图6-16　毛线钩织围巾　　　　　　　　　图6-17　拼色、多种材料组合

第三节　披肩、围巾的设计与制作实例

实例1　长条形编织围巾

此款围巾可以配合轻便服装围在颈上。围巾编织花样及长度不同，可以显示出不同风格。

1. 长条围巾的款式设计

长条形编织围巾如图6-18所示。

尺寸设计：宽22cm，长120cm，穗长15～20cm（长度可根据爱好决定）。

用量：中粗毛线190g。

用具：2号棒针2根。

2. 长条围巾的结构制图

长条围巾的结构制图如图6-19所示。

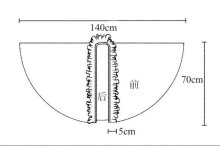

图6-36　纺织面料制作圆形披肩

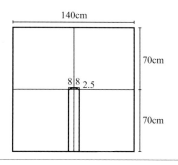

图6-37　方形披肩结构制图

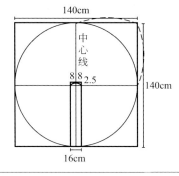

图6-38　圆形披肩结构制图

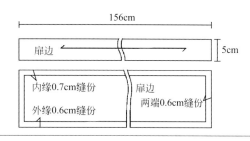

图6-39　扉边缝份处理

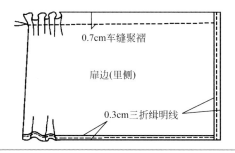

图6-40　制作扉边

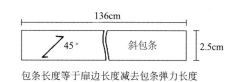

包条长度等于扉边长度减去包条弹力长度

图6-41　包条

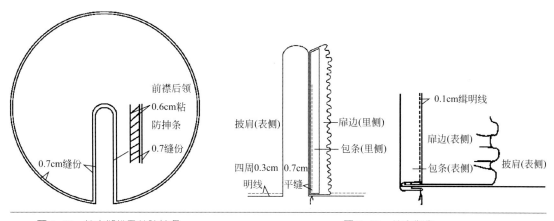

图6-42　披肩缝份及粘防抻条　　　　　　　　图6-43　披肩制作

实例5　纺织或针织面料与毛皮拼合制作披肩

选择稍厚重、保暖、柔软、垂感好的针织或纺织面料，与毛皮料一起制作披肩，是服装搭配的重要物品。

1. 披肩的款式设计

面料与毛皮拼合制作披肩及制图如图6-44、图6-45所示。

2. 披肩的结构制图

披肩的结构制图同图6-38。

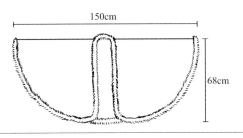

图6-44　面料与毛皮拼合制作披肩　　　　　图6-45　面料与毛皮拼合制作披肩制图

3. 披肩的制作要领

根据设计将皮毛裁成8～10cm宽，四周留缝份0.7cm。首先，把皮毛按缝份接合，并把接缝处缝到里侧的毛整理好，与披肩面料面对面均匀缝合，然后将毛皮翻折到里侧，缝份倒向毛皮侧，手针缭缝固定。

第四节　领带、领结的设计与制作

领带和领结是系在衬衣领口部外面的一种领饰，起装饰作用，一般用于比较正式的礼服搭配中，男女都可以使用。

在佩戴领结或领带时，要注意与服装搭配适当，从领带的款式、面料、花纹图案和色彩等方面综合考虑。

一、领带、领结的种类

领带通常是配合套装使用的，领带的形状是一头宽一头窄，其宽度、长度等是依照流行而变化的。

从不同的角度看，可以有不同的形式种类。从形态特征上分有箭头形领带、平头形领带、线环领带、宽形领带、片状领带、巾装领带、"一拉德"领带；从花型上分有小花型、条纹型、点子型、图案型、花条结合型及故乡段花型等；从搭配风格上分正装系列、晚装系列、休闲系列和新潮系列（图6-46）。

领结也称蝴蝶领带。两旁敞开犹如蝴蝶展开翅膀，款式多种多样，有结好的，也有自己打结的。

领结一般分两类，小领花和蝴蝶结。小领花主要用于礼服，蝴蝶结由小领花发展而来，比领花大，结成后像展翅欲飞的蝴蝶，一般与礼服配套（图6-47）。

图6-46　领带

图6-47　领结

二、领带、领结的设计

领带在宽窄、长短、方头、尖头上加以变化，在所用面料和加工方法上加以变化并且不断改变它的系结方式，使领带和领结更为舒适合体，更加实用。

长期以来，领带和领结是男士服饰中重要的装饰品之一，尤其是在一些正式的场合，男士们喜欢穿着正规的西服套装，在衬衫外系上与之相配的领带（或领结），无形中增添了一种干练和庄重的感觉，这种装饰形式成为男子服饰中正式着装的典范。随着时代的发展，另一种轻松舒适并且比较随意的装扮形式逐渐兴起，并影响着人们的装饰观念，领带不仅仅是西装的唯一搭配，穿着风衣、夹克或其他服装的人，也落落大方地系着领带，展现出一派洒脱、自然的风貌，有着独立、个性的时代风尚。

在设计领带或领结时，要从领带的款式、面料、花纹图案、色彩等方面综合考虑。如常用的领带或领结有传统的尖头领带，也有现时年轻人常用的长条领带和常规领结。面料以丝绸面料、针织涤纶面料、毛呢面料及皮革等为主，它们各有不同的外观和手感；花纹图案和色彩根据面料的不同有色彩典雅的点形图案、富有传统魅力的波斯纹样、有色彩对比强烈的大型图案，还有各种不同色调的单色领带。

在选择领带、领结时，要根据服装的面料、质感、色彩花型来考虑，起到衬托、点缀和装饰的效果，但不要过分地夸张，喧宾夺主。这样才能使整个服装与服饰相得益彰，风采动人。

三、领带制作实例

箭头形领带是所有领带中最基本的样式，也最为普遍。它的制作过程大致由几个制作环节组成。

（1）领带的款式设计（图6-48）。

（2）领带的结构制图（图6-49）。

（3）领带的裁剪图（图6-50）。

（4）领带毛衬制图（图6-51）。

材料使用量：面料50cm×65cm，衬75cm宽，70cm长。

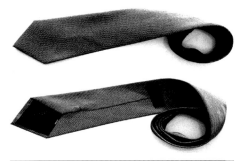

图6-48　领带

裁剪方法：先进行排料，排料时必须用斜料，纱向是正斜45°，如果不使用正斜的布料，在扎系领带时会扭曲，效果不好（图6-50）。

在对有格子和斜纹花式等图案的面料裁剪时，要对齐直、横纱向；有时为了节省面料，在领带细的一端，有两片或三片面料拼接，裁剪时要求面料条格连贯衔接，如同一片完整面料，达到美观的效果。当然不拼接是最好的。

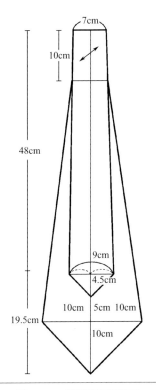

图6-49　领带的结构制图

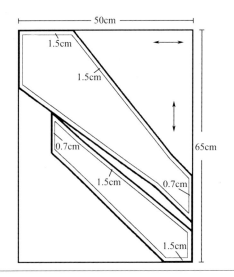

图6-50　领带的裁剪图

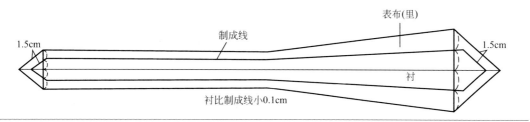

图6-51 领带毛衬与表布

衬是毛料衬等，选择有弹性的薄的毛料衬，裁成与面料相同的纱向，拼接的时候不要与面料在同一个位置，而用重叠接缝方法固定好（图6-51）。

（5）领带的制作要领

① 把领带的接缝进行缝合，然后劈缝。采用不同的缝制工艺，将直接影响领带的造型和质量（图6-52）。

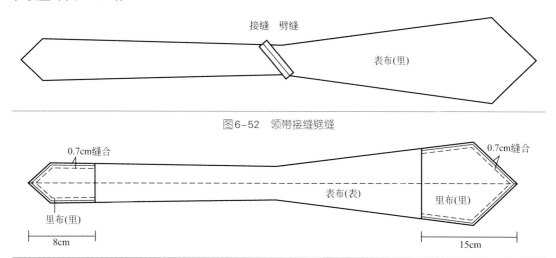

图6-52 领带接缝劈缝

图6-53 表布和里布两端缝合

② 两端尖头表布和里布正面相对缝合（图6-53）。

③ 两头尖角沿领带中线正面相对对折，在尖角处作1.5cm 90°缉线（图6-54）。

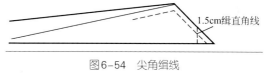

图6-54 尖角缉线

④ 缝合后，将毛衬覆好，作内部缀缝后翻出表面一侧，并将领带熨烫平服（图6-55）。

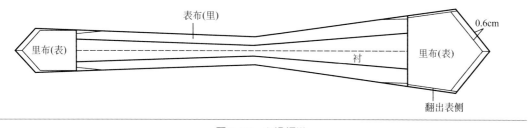

图6-55 翻烫领带

⑤ 将两边的缝份扣烫好，其中一边按照制成线折好，另一边也按制成线折好然后放在上面，重叠0.2cm压上其中一边（图6-56）。

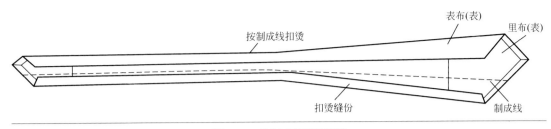

图6-56　按制成线翻烫领带

⑥ 将其内侧粗针撩缝，并在两端固定位置打结（图6-57）。

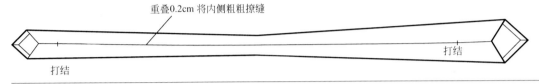

图6-57　撩缝打结

第五节　项目教学实训

实训　完成毛线编织圆形披肩

设计圆形披肩，选择稍粗、保暖、柔软、垂感好的毛线，用棒针进行编织。

在毛线花型、编织花样和方法上相应变化，会产生强烈的视觉效果，使着装风格更具个性。

尺寸设计：以披肩中心为圆心，53cm为半径编织成圆形披肩（半径长度可根据爱好决定），把半径长分为7个单元，从圆心侧起第一个单元为6cm，此单元为正针编织。从第二个单元开始为每单元7～8cm，其中2针反针编织（约1.3cm），8针反正针编织（约5cm），2针正针编织（约1.3cm）。

用量：中粗颜色渐变毛线750g（图6-58）。

用具：5号或6号棒针2根（图6-59）。

图6-58　编织用毛线

图6-59　编织用棒针

1. 毛线编织圆形披肩的款式设计

毛线编织圆形披肩的款式设计如图6-60所示。

图6-60　毛线编织圆形披肩

2. 毛线编织圆形披肩的结构制图

毛线编织圆形披肩的结构制图如图6-61所示。

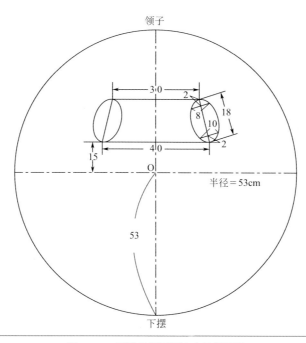

图6-61　毛线编织圆形披肩结构制图

3. 毛线编织圆形披肩的编织要领

适度松起84针，按每个单元花型设计进行反正针编织，内长40cm（缝合后为20cm），外长（周长）长约350cm，以内长为圆心，以起针长为半径，每编织一个或两个单元折返一次加针，使外缘的量逐渐递增，形成内缘（圆心侧）小，外缘逐渐加大的扇形，最后缝合完成圆形编织（图6-62）。

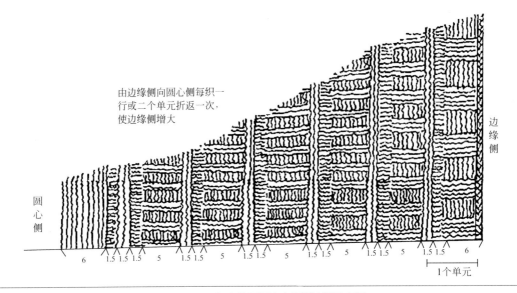

由边缘侧向圆心侧每织一行或二个单元折返一次，使边缘侧增大

圆心侧

边缘侧

6　1.5　1.5　1.5　5　1.5　1.5　5　1.5　1.5　5　1.5　1.5　5　1.5　1.5　6

1个单元

图6-62　毛线编织圆形披肩组织结构示意图

在编制过程中，根据制图尺寸，在袖窿部位做加减针，留出袖窿位置，在基本完成圆形编织后再把袖窿口用正针编织加针4针收紧封口。

（1）起针步骤　如图6-63～图6-67所示。

图6-63　起针步骤一

图6-64　起针步骤二

图6-65　起针步骤三

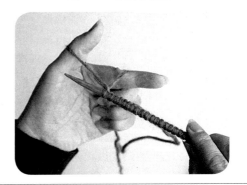

图6-66　起针步骤四

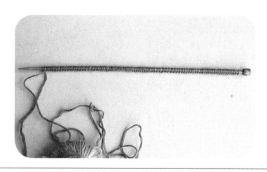

图6-67 起针步骤完成

（2）编织步骤 反针部分如图6-68～图6-71所示，正针部分如图6-72～图6-74所示，扇形及圆形编织部分如图6-75～图6-77所示。

图6-68 编织步骤一（反针部分）

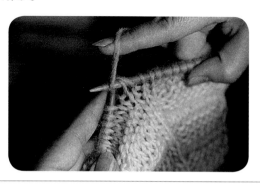

图6-69 编织步骤二（反针部分）

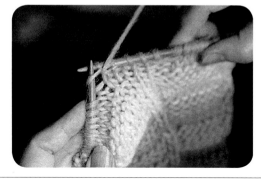

图6-70 编织步骤三（反针部分）

图6-71 编织步骤四（反针部分）

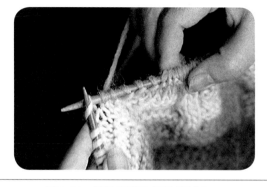

图6-72 编织步骤五（正针部分）

图6-73 编织步骤六（正针部分）

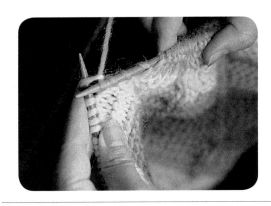

图6-74　编织步骤七（正针部分）

图6-75　七个单元扇形编织

图6-76　单元折返扇形编织

图6-77　圆形编织完成

（3）收针、锁边步骤　如图6-78～图6-81所示。

图6-78　编织完成收针锁边步骤一

图6-79　编织完成收针锁边步骤二

图6-80　编织完成收针锁边步骤三

图6-81　编织完成收针锁边步骤四

（4）袖窿编织步骤　如图6-82～图6-84所示。

图6-82　袖窿在编织过程中通过加减针完成

图6-83　袖窿加正针收边编织

（5）由内长对折后开始缝合到外长边缘缝
合　如图6-85～图6-87所示。
（6）完成　如图6-88所示。

图6-84　袖窿收边编织完成

图6-85　缝合正面

图6-86　缝合反面

图6-87　缝合完成

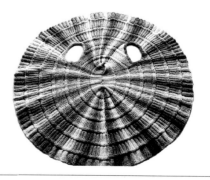

图6-88　由内长对折后开始缝合到外长边缘，最后成圆形

课后习题

1. 选用几种不同材质的面料，设计、制作风格独特的围巾。

2. 根据自己日常着装习惯和风格，设计、制作几款小方巾、三角巾或长条巾，扎系在不同部位，试看不同的搭配效果。

3. 为自己设计几款形状各异、色彩独特、扎系方法与众不同的简易领带或领结，并亲自动手制作出来。

第七章

其他服饰配件的
设计与制作

第一节 手套的设计与制作

一、手套的历史

手套最早是劳保之物。由于我国古代服装袖长过手，很多场合不需要戴手套，因此关于手套的记载比较少。国外较早期的手套是13世纪中期罗马教皇克里门特五世带的手套，由手工编织而成。20世纪以后，手套从款式、制作材料、剪裁工艺到色彩装饰，都不断得到完善。

二、手套的分类

手套主要从功能、款式和材质这三方面来分类。

1. 按功能分

手套按照其不同的功用，主要分为以下五种类型：防护手套（爬山、滑雪）、作业手套（勘探、电工作业）、保暖手套、装饰手套（搭配婚纱、礼服等特色服装）、特殊功能手套（微波手套、沐浴手套）。

2. 按款式分

按款式可分为五指手套、三指手套、连指手套、无指手套、无手手套、情侣手套等（图7-1～图7-5）。

3. 按材质分

主要有线类针织手套、皮手套、布手套、蕾丝手套等（图7-6～图7-8）。

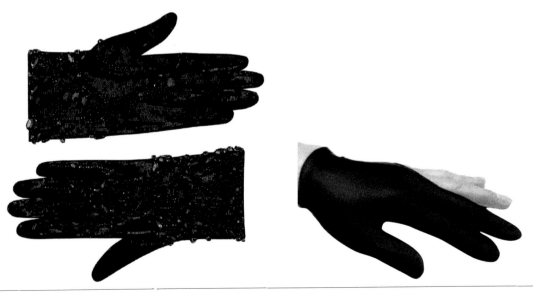

图7-1 五指手套 　　　　　　　　　　　図7-2 三指手套

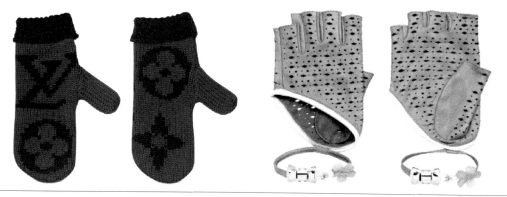

图7-3　连指手套　　　　　　　　　　　　　　图7-4　无指手套

图7-5　无手手套　　　　　　　　　　　　　　图7-6　针织手套

图7-7　皮手套　　　　　　　　　　　　　　图7-8　蕾丝手套

三、手套的设计要点

1. 造型设计

　　手套的造型设计可以通过强调某个局部达到设计目的，比如强调手腕部位装饰效果的长手套（图7-9～图7-11）；设计重点在手背部位的半截手套（图7-12、图7-13）；注重材质、色彩与肌理设计的机车手套（图7-14、图7-15）。除此之外，还可以打破常规做一些别致的设计，比如情侣手套（图7-16）。

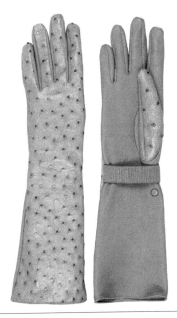

图7-9　长手套（一）

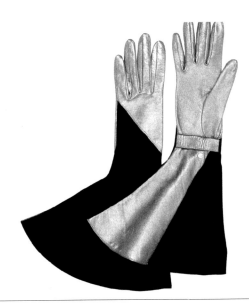

图7-10　长手套（二）

图7-11　长手套（三）

图7-12　半截手套（一）

图7-13　半截手套（二）

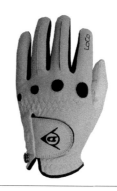

图7-14　机车手套（一）

图7-15　机车手套（二）

图7-16　情侣手套

2. 装饰设计

手套的装饰包括不同面料的拼接、毛皮饰边、立体花、刺绣、钉缝、打褶等。

拼接装饰一般用在皮革手套上，也有将皮革与针织面料拼接在一起的装饰拼接（图7-17～图7-20）；皮毛饰边一般用于皮革手套和冬季的防寒手套上（图7-21）；立体花和刺绣一般用在精美别致的皮革手套和针织手套的背面（图7-22～图7-25）；钉缝和打褶的方式也是丰富多样的，一般多用在婚纱手套和礼服手套，钉缝的材料可以是珠片、珍珠、宝石、金属等任何装饰物，打褶或者堆褶多用于手腕的装饰，可以单层褶，也可以做多层褶的效果（图7-26～图7-30）。

图7-17　皮革拼接（一）

图7-18　皮革拼接（二）

图7-19　皮革拼接（三）　　　　　图7-20　皮革与针织拼接

图7-21　毛皮饰边　　　　　图7-22　立体花装饰（一）

图7-23　立体花装饰（二）　　　　　图7-24　立体花装饰（三）

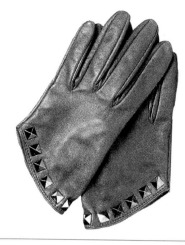

图7-25 刺绣装饰　　　　　　　图7-26 钉缝金属铆钉

图7-27 钉缝标牌　　　　　　　图7-28 钉缝亮片

图7-29 堆褶　　　　　　　　　图7-30 打褶

四、手套的制作工艺

1. 连指手套

连指手套如图7-31所示。

图7-31　连指手套

（1）材料与工具（表7-1）。

表7-1　材料与工具

使用线	颜色	用量
中粗毛线 （100%羊毛）	珊瑚橙色	40g
中粗马海毛 （羊毛、马海毛和 腈纶的混纺）	茶色，深红色系	10g
	浅驼色，浅茶色系	
工具	5/0号钩针	
成品尺寸	掌围20cm，长20cm	

（2）钩织方法　取单根毛线钩织（图7-32～图7-36）。

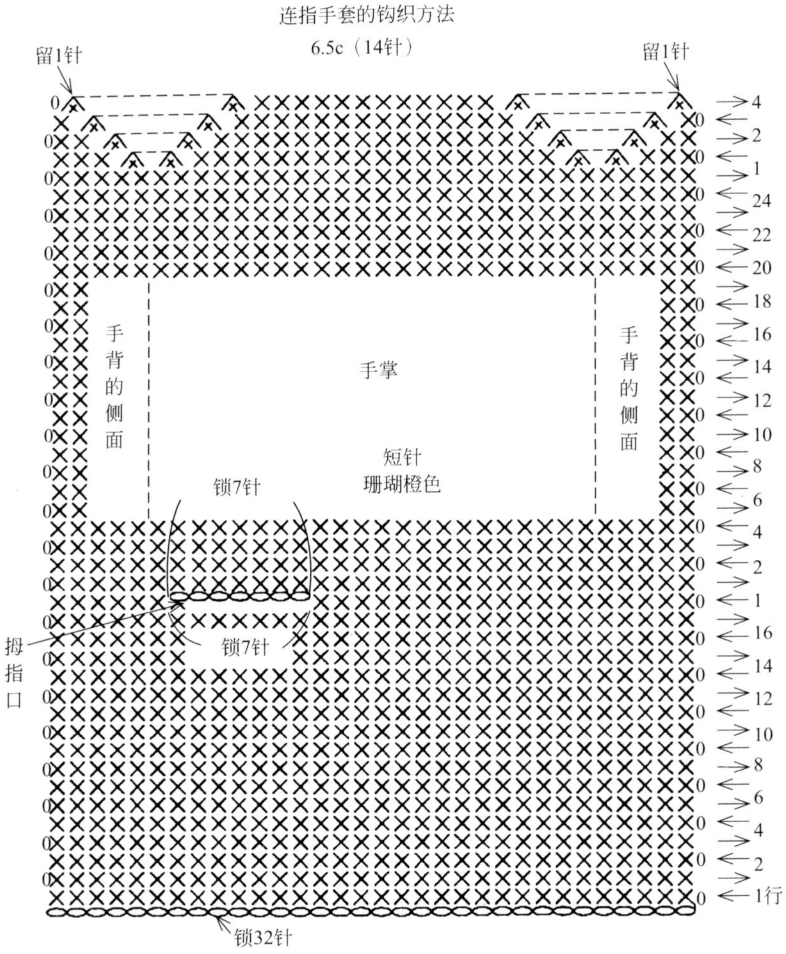

连指手套的钩织方法

6.5c（14针）

留1针　　　　　　　　　　　　　　　　　留1针

手背的侧面　手掌　手背的侧面

手掌
短针
珊瑚橙色

锁7针

锁7针

拇指口

锁32针

图7-32　钩织方法（一）

① 手背的中央部分配置花形，钩短针。锁32针，无需加减针，短针16行，拇指部分钩7锁针，跳过前行针向前钩织。在下一行勾起锁编的背侧，短针7针，继续向前织，指尖处减针（图7-33）。

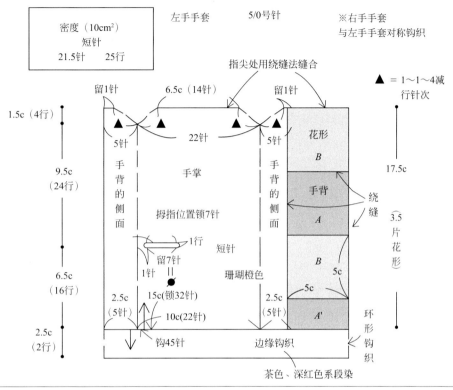

图7-33　钩织方法（二）

② 拇指：短针环形钩织，无立针，钩成螺旋状，收紧指尖处的余针（图7-34）。

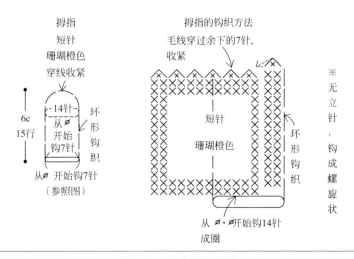

图7-34　钩织方法（三）

③ 改变花形A、A′、B的配色，如图7-35所示钩织指定片数。按图7-35所示搭配将手背侧面和各花形用绕缝法缝合。连指的指尖处也用绕缝法缝合。

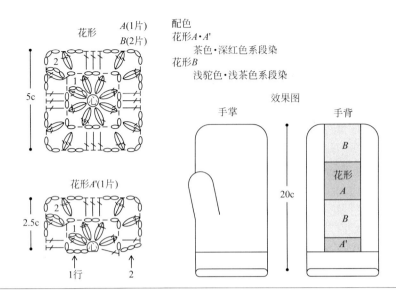

图7-35　钩织方法（四）

④ 手腕侧：解开起针的配线，单罗纹条纹向下钩织，套收。

⑤ 手腕侧2行边缘钩织，锁边（图7-36）。

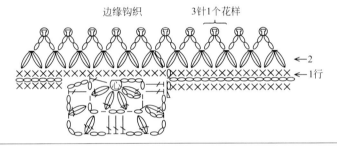

图7-36　钩织方法（五）

⑥ 完成（图7-31）。

2. 五指手套

五指手套如图7-37所示。

（1）材料与工具（表7-2）。

图7-37　五指手套

表7-2　材料与工具

使用线	颜色	用量
中粗毛线 （100%羊毛）	黑灰色	30g
	胭脂红色	15g
粗混纺毛线 （羊毛和马海毛混纺）	茶色、蓝色系段染	5g
中粗马海毛 （腈纶和马海毛混纺）	淡茶色	少许
	红茶色	少许
	浅驼色	少许
工具	5/0号 4/0号钩针	
成品尺寸	掌围18cm　长21.5cm	

（2）钩织方法　取单根毛线钩织（图7-38～图7-43）。

① 从手腕侧开始锁32针，长针环形钩织。钩2行后，在手背的16针处停针，拇指侧加针的同时往返钩6行，留9锁4针，共16针钩3行（图7-38）。

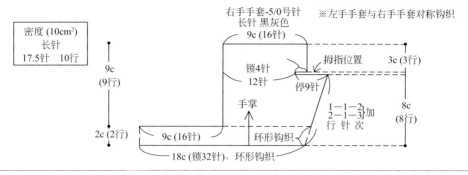

图7-38　钩织方法（一）

② 手背侧的花形，如图7-39、图7-40所示钩织，在第8行与手掌侧缝合。

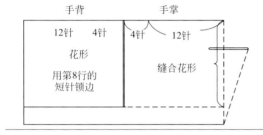

图7-39　钩织方法（二）

花形的配色	
7.8"	胭脂红色
5.6"	茶色，蓝色系段染
3.4"	淡茶色
2"	红茶色
第一行	浅驼色

花形 4/0号针

※第8行短针的上一排边儿，与手掌侧缝合

※⊗的短针：第3针钩成第1行的泡泡针，第5针钩成第3行的短针

图7-40　花形

③ 小指：长针钩9针成圈。余下的24针和所钩的2针，共26针长针钩1行，依次钩织成无名指、中指和食指（图7-41）。

④ 拇指：长针钩13针，钩5行成圈（图7-41）。

⑤ 手腕四周2行边缘钩织（图7-42、图7-43）。

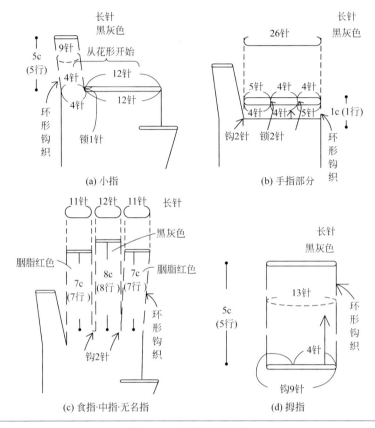

(a) 小指   (b) 手指部分

(c) 食指·中指·无名指   (d) 拇指

图7-41 钩织方法（三）

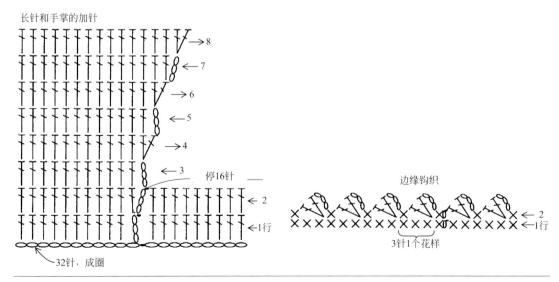

图7-42 钩织方法（四）

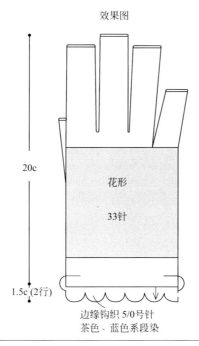

效果图

20c

花形

33针

1.5c (2行)

边缘钩织 5/0号针
茶色、蓝色系段染

图7-43 钩织方法（五）

（3）完成。

3. 布五指手套制作

五指手套结构制图如图7-44所示。

手围（HW）=21cm 手长（HC）=20cm

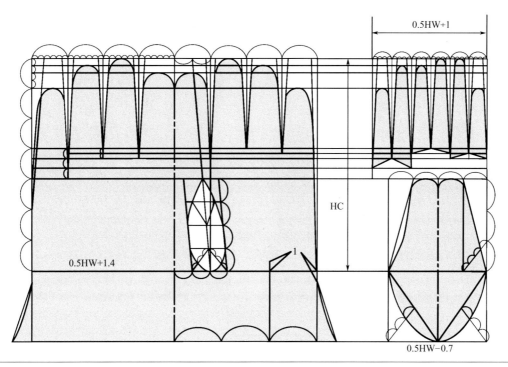

0.5HW+1

0.5HW+1.4

HC

1

0.5HW-0.7

图7-44 五指手套结构制图

（1）剪裁　测量手掌尺寸，根据尺寸将手套面料剪裁成如图7-45～图7-47所示手套裁片，为了方便制作，将手掌和手背前后2片连在一起不剪开（手背片尺寸可以比手掌片略大），拇指裁片及指缝镶嵌条，分别剪裁成形，留出0.2～0.3cm的缝份备用。

图7-46　指缝嵌条

图7-45　手掌手背连片

图7-47　拇指裁片

（2）缝合　将手掌手背裁片未连接的一侧（反面缝合）缝合（图7-48），缝合后将剪裁好的三条指缝镶嵌条按照长短顺序分别与四指缝合（图7-49），手套基本型完成。

图7-48　缝合手掌手背

图7-49　缝合四指

（3）缝合拇指　将已经基本成型的手套与拇指按方向缝合（反面缝合）在一起，手套基本完成（图7-50）。

（4）完成　检查手套细节，可以适当地进行装饰（图7-51）。

图7-50　缝合拇指

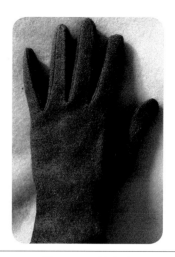

图7-51　手套完成

第二节　袜子的设计与制作

一、袜子的历史

由于受脚的造型所限，袜子的形状从古至今不会有太大的变化，只是在材料和装饰上有所区别。直到20世纪，尼龙丝袜的产生，使袜子掀起了革命的风潮。

二、袜子的分类

一般从款式、长度、材质三个方面来划分袜子的类型。

1.按款式分

袜子按款式分为船型袜、浅口袜、半脚袜、连裤袜、吊袜等（图7-52、图7-53）。

图7-52　船型袜

图7-53　连裤袜

2. 按长度分

按照长度可以分为短袜、中筒袜、过膝袜、长筒袜（图7-54、图7-55）。

3. 按材质分

按照材质可以分为丝袜、棉袜、毛线袜、蕾丝袜等（图7-56、图7-57）。

图7-54　中筒袜　　　　图7-55过膝袜　　　　图7-56　丝袜　　　　图7-57　蕾丝袜

三、袜子的设计要点

袜子的设计主要体现在造型设计、图案及装饰、袜口变化这三个方面。

1. 造型设计

根据人们的穿着习惯，可以设计无趾袜、二趾袜和五趾袜（图7-58、图7-59）。

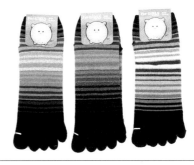

图7-58　二趾袜　　　　　　　　图7-59　五趾袜

2. 图案及装饰

袜子的图案有刺绣、印染、针织等形式。现在的袜子多采用织针镂空和提花技术制作。印染图案的袜子，也是先织出坯袜，然后把图案印染上去，一般多用于少女袜和儿童袜（图7-60）。由于工艺所限，袜子刺绣手法用得比较少，一般只在高级袜子或者特定袜子的局部做刺绣工艺，比如，男袜袜口的LOGO一般多为刺绣。

袜子的装饰手法多样，尤其在时尚女袜的设计上可以起到强调风格的作用。比如，钉缝或粘贴坠饰、装饰珠片、做旧、做破等方法（图7-61～图7-63）。

3. 袜口变化

袜口的变化归纳起来有花边装饰、袜口刺绣、袜口钉缝（花饰、卡通立体、珠子）、袜口系带子等方式（图7-64～图7-67）。

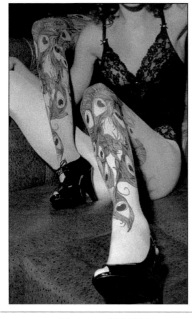

图7-60　印花袜子　　　　　图7-61　钉缝蕾丝　　　　　图7-62　钉缝亮片（一）

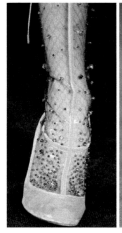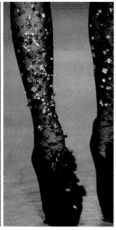

图7-63　钉缝亮片（二）　　　　　　图7-64　花边装饰（一）

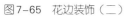

图7-65　花边装饰（二）　　　图7-66　袜口堆褶　　　图7-67　钉缝立体卡通造型

四、袜子的制作工艺

毛线短袜如图7-68所示。

（1）材料与工具（表7-3）。

图7-68 毛线短袜

表7-3 材料与工具

使用线	颜色	用量
中粗毛线 （腈纶和羊毛的混纺）	驼色	45g
	金色	10g
	嫩粉色	5g
中细毛线 （腈纶和羊毛的混纺）	蓝灰色	25g
工具	8号棒针 5/0号钩针	
成品尺寸	长22.5cm	

（2）钩织方法　取单根毛线钩织。

①脚底和脚背的侧面用一般起针法起26针，平针编织。织到脚后跟的位置时，改用正反针，从两侧挑针，无需加减针织到42行，脚尖的位置2针减1针，余下的套收（图7-69）。

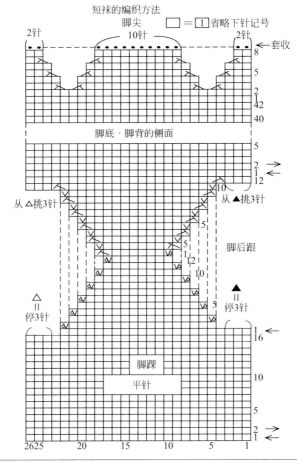

图7-69 钩织方法（一）

② 脚背部分：如图7-70所示，编织3片花形，用绕缝法缝合。

③ 缝合脚背和脚底、脚背的侧面。将脚背和脚底、脚背侧面的里侧与里侧缝合，用边缘钩织法固定，再用短针钩1行（图7-70）。

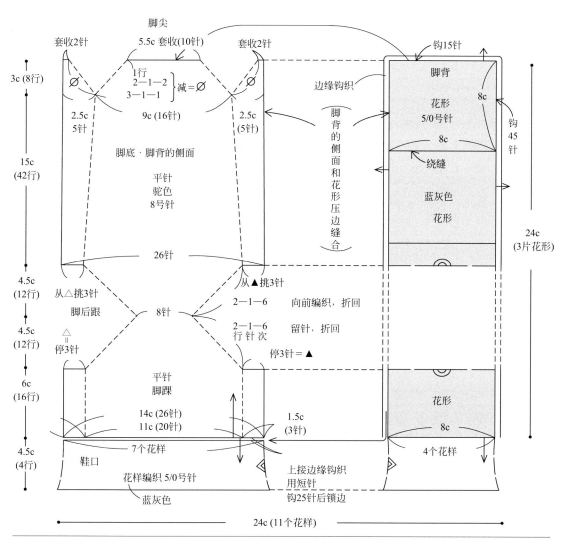

图7-70 钩织方法（二）

④ 袜口是4行花样编织（图7-71）。

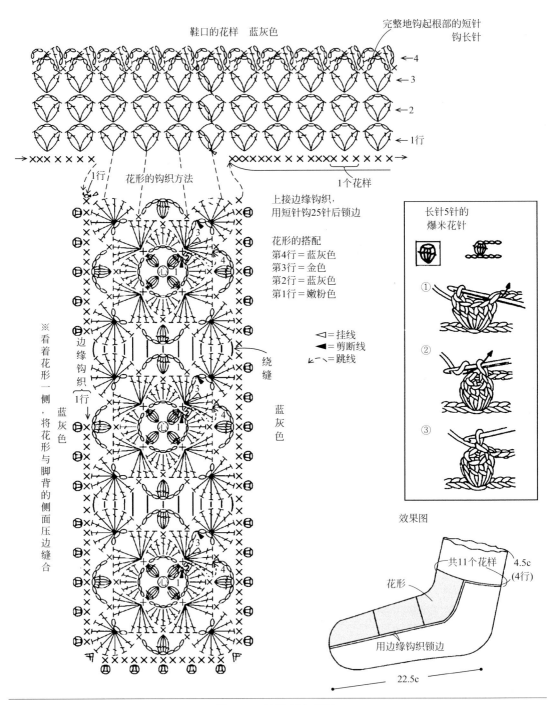

鞋口的花样　蓝灰色

完整地钩起根部的短针
钩长针

←4
←3
←2
←1行

1个花样

1行　花形的钩织方法

上接边缘钩织，
用短针钩25针后锁边

花形的搭配
第4行=蓝灰色
第3行=金色
第2行=蓝灰色
第1行=嫩粉色

长针5针的
爆米花针

◁=挂线
◀=剪断线
↙⌒=跳线

绕缝

边缘钩织
1行

※看着花形一侧，将花形与脚背的侧面压边缝合

蓝灰色

蓝灰色

效果图

共11个花样
4.5c
(4行)

花形

用边缘钩织锁边

22.5c

图7-71　钩织方法（三）

第三节 腰带设计

一、腰带的历史

腰带就是束于腰间或身体之上的各种带子，兼具实用与美观功能，在服装中起着重要的作用。

二、腰带的分类

根据不同的功能、造型和使用部位，将腰带分为以下几种类型。

1. 按功能分类

按照腰带的不同作用，分为装饰性腰带和兼具装饰与实用功能性的腰带，比如，链式腰带就只有很强的装饰功能，但几乎没有实用性（图7-72、图7-73）。

图7-72 链式腰带（一）　　　　　　　　图7-73 链式腰带（二）

2. 按造型分类

腰带的造型和款式变化是非常丰富的，有宽腰带、窄腰带、极窄腰带、双层腰带、编织腰带等。

宽腰带就是宽度在8～20cm的腰带，由于腰带比较宽，所以装饰余地比较大。一般用于女正装、女士礼服、休闲装等（图7-74～图7-78）。

图7-74 宽腰带（一）　　　　　　　　图7-75 宽腰带（二）

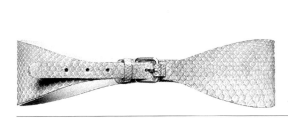

图7-76　宽腰带（三）

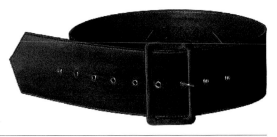

图7-77　宽腰带（四）

图7-78　宽腰带（五）

　　窄腰带宽度一般在8cm以下，由于腰带比较窄，因此添加装饰的情况比较少，变化多在带扣上（图7-79～图7-82）。

图7-79　窄腰带（一）

图7-80　窄腰带（二）

图7-81　窄腰带（三）

图7-82　窄腰带（四）

极窄腰带宽度一般在2～3cm左右，在带身和带扣的变化比较少，主要靠跳跃的色彩装饰和独特的材质搭配服饰（图7-83～图7-87）。

图7-83　极窄腰带（一）

图7-84　极窄腰带（二）

图7-85　极窄腰带（三）　　　　图7-86　极窄腰带（四）　　　　图7-87　极窄腰带（五）

多层腰带类似于和服腰带，一般都是在宽腰带上加一条窄腰带，或者将几条窄腰带并列，层次感非常强，多用于时装（图7-88～图7-91）。

图7-88　双层腰带（一）　　　　　　　　　　图7-89　双层腰带（二）

图7-90　双层腰带（三）　　　　　　　　图7-91　双层腰带（四）

编织腰带是用绳、皮带、皮革条等编织而成的腰带。此类腰带一般很少添加装饰物，因为要带本身就有肌理和色彩的变化效果，添加之后反而画蛇添足（图7-92、图7-93）。

3. 按束扎部位分

按照束扎的不同部位，分为腰带（图7-94）、胸饰带（图7-95）、吊带（图7-96）。

图7-92　编织腰带（一）　　　　　　　　　　图7-93　编织腰带（二）

图7-94　腰带　　　　　　　　图7-95　胸饰带　　　　　　　　图7-96　吊带

三、腰带的设计要点

1. 款式设计

　　腰带处于人体的中心位置，起着分割服饰、调节人的视觉平衡的作用，因此，腰带的款式造型设计非常关键。归为两大类，一类是对称款式设计（图7-97、图7-98对称设计）；一类是非对称款式设计。用于正统服装的腰带可以采用对称式设计，而现代多数腰带都采用非对称式的设计。这样的设计比较灵活，富于变化，设计发挥的空间很大（图7-99）。

图7-97　对称设计（一）　　　　　　　　　　图7-98　对称设计（二）

图7-99　非对称设计

2. 带扣造型设计

　　带扣造型设计，是腰带设计的灵魂所在，因为它的造型可以直接影响腰带的风格和品质。造型的变化非常多样，比如，镂空带扣、立体带扣、卡通带扣、花式带扣、绳带式带扣等（图7-100～图7-102）。

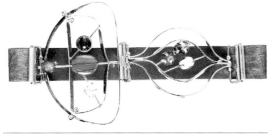

图7-100　金属花式带扣

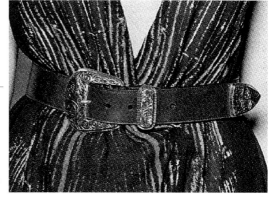

图7-101　宝石造型带扣

图7-102　金属雕花带扣

3. 添加附属装饰物

　　除了腰带本身的装饰（压花、刺绣、钉珠等）外，还可以附加坠饰物来丰富腰带的效果。比如，人造花、羽毛、小袋子、玉石串珠、金属环等（图7-103～图7-107）。

图7-103　添加立体花饰

图7-104　添加铆钉

图 7-105　添加金属链　　　　　　　　图 7-106　添加金属扣环

图 7-107　添加蝴蝶结

第四节　花饰设计与制作

一、花饰的发展

　　花饰就是用各种材料，按照自然花卉形制作的人造立体花。花饰在服饰中广泛运用，从头饰、帽饰到胸饰、首饰、腰饰、鞋饰等都可以用其装饰。

二、花饰的设计要点

1. 材料及工具

　　（1）材料　做花饰最常用的是纺织面料，包括棉布、丝绸、合成纤维面料、呢绒类面料等。

　　（2）辅料　铁丝、亮片、珠子、染料、糨糊（或者乳胶）、胶带纸、黏合剂、刷子、皮筋、线绳、缝纫线、笔等。

　　粗铁丝由18号开始至20号、21号、26号、27号、28号、30号铁丝，逐渐变细。

　　（3）工具　包括剪裁工具、缝制工具、整烫工具三项。

2.设计要素

服装花饰设计分两大类:一是与服装结合的花饰,比如,领口、袖口、肩部、背部、裙摆等部位的装饰花,这类花饰应该与服装的款式、造型、面料、色彩相互一致;二是单独的花饰设计,用在头饰、帽子、包袋、首饰上,这类花饰形式多样,造型、色彩以及面料随意,可以根据帽子、鞋或者包袋的风格而定,在设计上受限比较少。

三、花饰的制作方法

(一)剪裁制作类仿真花饰制作步骤

范例　仿真玫瑰花

1.准备环节

(1)上浆　将面料用乳胶或者糨糊刷一遍,待其干燥后使用。

(2)剪裁(图7-108)　花的造型要逼真、准确,包括花茎、花瓣、叶子、花蕊、花萼等,剪裁的时候大小可以随意变化。

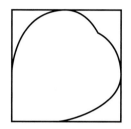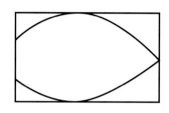

图7-108　剪裁

(3)备料

① 薄双绉玫瑰花瓣24片。

② 厚平绒叶子3片。

③ 铁丝少量。

④ 胶带少量。

⑤ 色纸带少量,包花茎用。

2.制作环节

(1)制作花蕊　取两片花瓣为一组,共两组。两组花瓣错开叠放,然后把两组花瓣卷在一起,根部用30号铁丝捆住,作为花蕊(图7-109)。

(2)制作花头　取两片花瓣为一组,共两组。先将花瓣上端微微卷曲,使花瓣窝出立体卷边效果。然后将两组花瓣包卷在花蕊外面,用30号铁丝捆住。

将余下的八组花瓣依次包卷。同时插入一根铁丝,在花朵根部用30号铁丝捆住,用胶带粘住根部,花朵造型完成(图7-110、图7-111)。

图7-109　制作花蕊

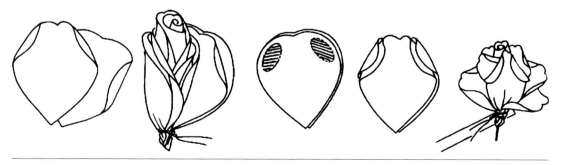

图7-110　制作花朵(一)　　　　　　　图7-111　制作花朵(二)

（3）粘贴花萼　在花萼的根部涂上糨糊，粘贴在花朵的底托部位。

（4）连接叶子　将三片叶子用熨斗压出叶筋，分别在根部用30号铁丝束紧，然后捆成一束枝叶状（图7-112）。

3. 完成

将制作好的叶子和花头攒在一起，用胶带粘住根部，再使用绿色纸带将花茎缠包即可。

图7-112　束扎叶子

（二）卷绕缝制类抽象花饰制作步骤

卷绕法只是用各种质感的面料通过缠绕、抽缝、粘贴的方式制成抽象的花卉形态。有的花形可用单层面料，做出的花型轻盈飘逸；有的花形可用双层或者多层，这种花饰的效果比较立体、多层次，有厚重感。

1. 五瓣梅花

① 剪裁5片圆形面料，将每一片对折后缝合。

② 将5片花瓣一字排开，钉缝成一串（图7-113）。

③ 将花心布剪成圆形，沿边钉缝一圈，中间塞入棉花后抽紧系好（图7-114）。

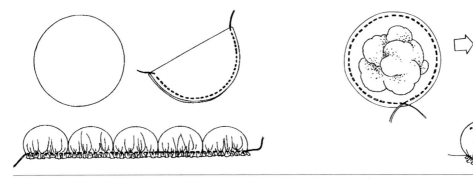

图7-113　连花瓣　　　　　　　　　　　图7-114　制作花心

④ 将5片花瓣抽紧，中间放入花心，将花心与花瓣固定住即可（图7-115）。

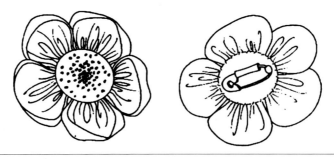

图7-115　固定花瓣

2. 绕玫瑰花

绕玫瑰花的时候注意材料的使用，材料的不同、缠绕力度的轻重等因素都会影响玫瑰花的造型。

① 将面料剪裁成长条状（也可用1.5cm宽的缎带），将开头部位折成三角形（图7-116、图7-117）。

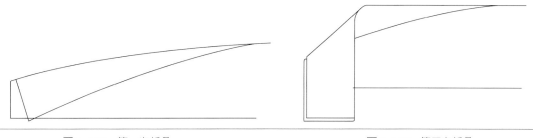

图7-116　第一次折叠　　　　　　　　　　　　图7-117　第二次折叠

② 左右手互相配合，左手将布条向内卷的同时，右手将布条向外翻折（图7-118）。
③ 反复翻卷数次后，用针线从花背面加以缝合、固定即可（图7-119、图7-120）。

图7-118　卷绕　　　　　　　图7-119　剪掉多余量　　　　　　　图7-120　固定花瓣

第五节　伞、扇子、眼镜

伞不仅是一种古老的生活用品，而且是官府的仪仗装饰，还是戏曲、歌舞、杂技艺术中常用的道具。这些以伞为中心道具的艺术形式，极富动感与美感，给人们留下深刻印象。

伞发展到今天，除了传统意义上的遮风避雨外，它的功能越来越多，款式也丰富多样，有置于案头、茶几上的灯罩伞，有直径达两米多的海滨浴场遮阳伞，有飞行员必备的降落伞，有折叠自如的自动伞，还有用于装饰的小小的彩色伞等。

夏季的遮阳伞越来越多地与服装搭配，根据整体的着装风格选择与之相适应的颜色、图案和造型的伞，起到点缀作用（图7-121、图7-122）。

随着科学技术的发展和人们生活水平的提高，人们对伞的功能、样式的追求也在不断发展和创新，因而一些多功能、样式独特的伞也不断被发明出来。如日本现在已出现了一种十分别致的伞，伞柄上装有收音机，伞一撑开，就可以听到优美的音乐。另外，日本人还针对通常的伞不能避免鞋子被雨淋湿的情况，发明了一种鞋伞。这种伞立于鞋尖，下雨一撑开，就可以防止鞋子和脚被雨淋湿，但在伞不撑开时，它在鞋子的头部就是一种装饰。国外还发明了一种带香味的伞，伞一撑开，芳香四溢，这无疑在雨中增加了打伞的乐趣。

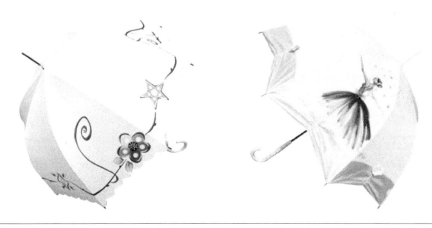

图7-121　遮阳伞

图7-122　雨伞

　　纵观中外扇子的悠久历史和发展演变，我们不难看出，扇子在服装中也是较为重要的服饰品之一，有其实用性和象征性，可以引风逐暑，也可以表示人们的权威和身份地位，在特定的场合具有象征性（图7-123～图7-125）。

　　扇子在当今仍有很强的生命力，它以消暑纳凉及其艺术性博得了人们的喜爱。在造型上有传统的扇式，如折扇、团扇、绢扇、羽扇和蒲扇等；材料上多以丝绢、纸、塑料、篾丝（又称竹编）、草编、檀香木、象牙骨和金属等多品种、多材料为主，集艺术性、工艺性于一身，综合了雕刻、编织、编结、书法、绘画、装裱、烙画、玉器、漆器、刺绣等多种艺术的技法。

　　它除了夏日纳凉外，还是评弹、戏曲、舞蹈、曲艺等表演的道具。

　　眼镜因为其实用而产生和发展，它的主要作用是矫正视力，如近视镜、老花镜等。后来又产生了各种功能性的护眼镜，如遮阳镜、防风镜、防水镜、防红外线眼镜等（图7-126、图7-127）。

　　遮光镜是日常生活中常见的用品之一。所谓遮阳镜，顾名思义是作遮阳之用，人在阳光下通常要靠调节瞳孔大小来调节光通量，当光线强度超过人眼调节能力时，就会对人眼造成伤害。所以在户外活动场所，特别是在夏天或冬季下雪后，许多人都采用戴遮阳镜来遮挡阳光，以减轻眼睛调节造成的疲劳或强光刺激造成的伤害。

图7-123 羽扇

图7-124 蒲扇

图7-125 折扇

图7-126 LOUIS VITTON太阳镜

图7-127　GUCCI太阳镜

　　随着遮阳镜的普遍使用，眼镜的另一个作用即装饰作用，越来越受到人们的重视和青睐。夏季戴太阳镜，既护眼又时尚；冬天滑雪戴遮光镜可遮挡强光又防风。太阳镜的颜色有深有浅，浅色太阳镜对太阳光的阻挡作用不如遮阳镜，但因其色彩丰富，款式多样，适合与各类服装搭配使用，有很强的装饰作用。

　　PRADA（普拉达）、YVESSAINT LAURENT（圣罗兰）、LOUIS VITTON（路易·威登）、CHANEL（香奈尔）、CARTIER（卡地亚）、GUCCI（古奇）、VERSACE（范思哲）等世界级品牌，均把眼镜的设计与开发作为配饰中的重点，争相引领世界潮流。

课后习题

　　1. 设计一款手套，创意性强，个性十足，并自己选择合适的面料，制作出成品。

　　2. 用毛线钩织一款袜子，款式设计、色彩搭配、材料组合应用等充分体现设计感。

　　3. 选择绳材，为自己设计、编织一条腰带。带扣为金属扣，款式为对称设计。

　　4. 设计几款颜色深浅不同、款式各异的太阳镜。

服饰配件设计与制作

FUSHI PEIJIAN SHEJI YU ZHIZUO

第八章

作品赏析

　　优秀的服饰配件作品可以对于服装整体效果起到锦上添花的作用，下面针对不同的服饰配件，具体分析一下其设计特点和装饰特点。

　　男士配饰往往在精致的细节处体现其品位，无论是钱夹、钥匙包、手表还是背包或者皮带，都以精致的LOGO、细腻的设计彰显男士的身份和地位。LV的配饰作为全球顶级奢侈品，历史悠久，对于设计理念的传承和与新时尚元素的结合，使得这个牌子无论在设计感还是做工，都堪为服饰品的典范（图8-1）。

图8-1　男士LV精品

　　它的设计新颖，引导每季的流行趋势，但又不失经典；它的品牌文化吸引着一批又一批忠实的消费者和拥护者；在咖啡色的方格交叉的背后是一个成功的服饰品设计领导者。

　　在女士配件中，不得不提的就是LV的箱包，它们或者经典低调，或者鲜艳绚烂，或者古典精致……无论哪款都是以其设计特点和无尽的品牌魅力吸引着全世界的女性，装扮着全世界的女性（图8-2）。

图8-2　多样的LV箱包

　　与LV的优雅不同，PRADA的设计更加绚丽多彩，在图8-3所示的两款09春夏新款中应用彩色亮片和宝石的镶嵌配以彩色底地，呈现出丰富的视觉效果，这两款包配合相应彩色颈饰及耳坠可为时尚女士增加靓丽的装扮。

图8-3　绚丽的PRADA箱包

　　时尚配件的选择上，除了箱包装饰外，时尚眼镜也是各大品牌出品的主力产品之一，如图8-4所示，在PRADA这两款眼镜及帽、项链的搭配中可以看到，时尚在身边流动，紧密地贴合面部线条，完美地装饰面部空间，咖啡色的玳瑁纹镜框，良好的透光性和防护性，使时尚眼镜兼具了装饰性和实用性。

图8-4　PRADA时尚眼镜

　　女士的服饰配件较之男士品种更多，形式更加丰富，PRADA大红色的漆皮皮带，桃红色的宝石镶嵌发箍，都从色彩和形式上给人极大的视觉冲击力（图8-5）。

图8-5　PRADA漆皮皮带及时尚发箍

　　在世界顶级奢侈品殿堂中，不得不说的是卡地亚王国，这个连传奇人物温莎公爵夫人都特别青睐的饰品品牌，将独特的设计感溶入每一款卡地亚首饰中，以其独特的造型、独特的镶嵌、独特的线条造就了每一位佩戴者的独特（图8-6～图8-8）。

图8-6　卡地亚指环

图8-7　卡地亚1952经典黄金颈饰

图8-8　卡地亚经典LOVE三色金手镯

　　丰富多彩的卡地亚配饰，为人们呈现出一个魔幻的视觉世界，无论是经典的三色金戒指、指环还是动物造型的指环、腕表，精良的做工，独具匠心的设计重点，带给佩戴者的都将是深至心灵的震撼（图8-9）。

图8-9　卡地亚09新款腕表

　　与卡地亚同样令人叹为观止的非爱马仕莫属，爱马仕以其独特的精美工艺，近乎完美的细节设计开创了服饰配件的另一全盛时代，无论是箱包、丝巾、手镯、发簪……每一件爱马仕珍品都具有自己的故事，而历史的沉淀似乎也在这个历史悠久的品牌中诉说着那些往事……

　　图8-10（a）所示为Balcon du Guadalquivir超宽珐琅手镯，这款手镯是受安达鲁西亚阳台铁艺的启发而设计的。闪光的珐琅质使得釉色更加鲜亮，表现出水彩画的细腻微妙。图8-10（b）为1927年诞生的Collier de chien系列的全新诠释，为纯银制造，看起来像是用一大块银子雕琢打造而成的。隐形搭扣使手镯更显简洁大方，流畅线条、宽大体积和精致风格突显其细腻雅致。

(a)   (b)

图8-10　爱马仕手镯

成功的产品离不开成功的设计，看似简单的帽子也能带给佩戴者不同的心灵体验，例如奥黛丽赫本所扮演的经典角色中不同的帽子使其增色不少。即使在今时今日重看这些老片，赫本的装扮仍然光彩夺目。她喜欢各种各样的帽子，尤其是帽檐偏宽的，可以把她的脸衬得娇小可爱，突出优美的脸型。她在《窈窕淑女》和《第凡尼的早餐》早餐里戴着帽子的形象至今被众多模特效仿（图8-11）。

图8-11　赫本的帽子

帽子演变至今已成为时尚人士不可或缺的配饰之一，不同的造型，不同的材质，或鲜艳或沉寂的颜色……一切都让人为帽子痴迷（图8-12）。

伞和扇子在当今仍有很强的生命力，以消暑纳凉及其艺术性博得人们的喜爱，续写着实用与装饰共存的经典篇章（图8-13、图8-14）。

服饰配件设计与制作

FUSHI PEIJIAN SHEJI YU ZHIZUO

图8-12　形态各异的帽子

图8-13　Dior的遮阳伞

图8-14　伞、扇、帕套装设计

课后习题

1. 选用几种不同材质的面料，设计、制作风格独特的围巾。

2. 根据自己日常着装习惯和风格，设计、制作几款小方巾、三角巾或长条巾，扎系在不同部位，试看不同的搭配效果。

3. 为自己设计几款形状各异、色彩独特、扎系方法与众不同的简易领带或领结，并亲自动手制作出来。

参考文献

[1] 马蓉. 服饰品设计. 北京：中国轻工业出版社，2001.

[2] 石娜，步月宾. 皮鞋款式造型设计. 北京：中国轻工业出版社，2007.

[3] 高士刚. 鞋靴结构设计. 北京：中国轻工业出版社，2009.

[4] 高士刚. 脚型·楦型·底部件. 北京：中国轻工业出版社，2007.

[5] 祁子芮. 鞋靴设计与表现. 北京：中国纺织出版社，2006.

[6] 邵献伟. 服饰配件设计与应用. 北京：中国纺织出版社，2008.

[7] 许星. 服饰配件艺术. 北京：中国纺织出版社，2005.

[8] 李德滋，马熙运，张宏图. 文化服装讲座——毛线编织. 北京：中国展望出版社，1984.